U0367631

高职高专"十一五"规划教材

工 程 力 学

杨兆伟　主　编

孙康岭　李琦　副主编

化学工业出版社

·北京·

本书共分两篇，第一篇为静力学，第二篇为材料力学。静力学编入了物体受力分析、平面力系、摩擦、空间力系等内容，材料力学编入了拉伸与压缩、剪切与挤压、扭转、弯曲、组合变形、强度理论、压杆稳定等内容。全书文字简明、内容精炼，突出了高职教育的特色。书中每章后面有小结、习题、在附录中给出了部分习题参考答案，并且配套电子教案，方便教学。

本书可作为高职高专院校、成人高校等机械类、近机类专业的教学用书，并可供相关工程技术人员参考。

图书在版编目（CIP）数据

工程力学/杨兆伟主编 . —北京：化学工业出版社，2010.3（2023.8 重印）
高职高专"十一五"规划教材
ISBN 978-7-122-07625-0

Ⅰ. 工…　Ⅱ. 杨…　Ⅲ. 工程力学-高等学校：技术学院-教材　Ⅳ. TB12

中国版本图书馆 CIP 数据核字（2010）第 010597 号

责任编辑：韩庆利　　　　　　　　　文字编辑：张燕文
责任校对：郑　捷　　　　　　　　　装帧设计：刘丽华

出版发行：化学工业出版社（北京市东城区青年湖南街 13 号　邮政编码 100011）
印　　装：涿州市般润文化传播有限公司
787mm×1092mm　1/16　印张 10½　字数 267 千字　2023 年 8 月北京第 1 版第 8 次印刷

购书咨询：010-64518888　　　　　　售后服务：010-64518899
网　　址：http://www.cip.com.cn
凡购买本书，如有缺损质量问题，本社销售中心负责调换。

定　　价：20.00 元　　　　　　　　　　　　　　版权所有　违者必究

编写人员名单

主　　编　　杨兆伟

副 主 编　　孙康岭　李　琦

编写人员　　杨兆伟　孙康岭　李　琦　崔晓萍
　　　　　　谭　毅　张海鹏　耿国卿　王凤兰
　　　　　　李文峰　张　晔　程春艳　刘　明
　　　　　　裴桂玲　米广杰

主　　审　　刘永海

前　言

本书是按照国家教育部提出的高职高专基础理论教学"以应用为目的，以必需、够用为度"的教学原则组织编写的，因此本教材力求以应用为导向，在基础理论的学习上坚持必需、够用原则，讲清概念。在介绍与机械有关的力学知识时避免了复杂的数学推导计算，文字简明、内容精炼，突出了高职教育特色。本书适合作为高职高专机械类、近机类的工程力学课程的教学用书。

本书在编写过程中力求突出以下特点。

① 教学内容的选取服务于专业课的需要。为此，编者曾认真听取了专业课教师的意见和建议，并翻阅了机械类专业的主要专业课教材，专业课教学中所用到的工程力学的知识尽量编入，并力求阐述比较详细，同时也考虑到循序渐进的教学规律，将这些知识由浅入深地组合成便于施教的体系。

② 适应高职院校培养目标的需要。高职高专院校培养的是高技能人才而不是工程设计人员，要求掌握的工程力学知识是以静力学和材料力学的基础知识为主体，过于深奥的理论和习题未编入。

③ 教材尽量通俗易懂，在保证工程力学的完整性和严谨性的前提下，注意语言的规范。在文字叙述和理论推导时，力求删繁就简、简明扼要，避免连篇累牍的术语而又不是"白话力学"，理论上经得起推敲。充分考虑高职高专院校学生的知识起点和接受能力。每个重要知识点后面都编入了课堂练习题，有助于学生加深理解和及时巩固。

本书共分两篇。第一篇为静力学，第二篇为材料力学。静力学编入了物体受力分析、平面力系、摩擦、空间力系等内容；材料力学编入了拉伸与压缩、剪切与挤压、扭转、弯曲、组合变形、强度理论、压杆稳定等知识。

本书有配套电子教案，可赠送给用本书作为授课教材的院校和老师，如果有需要，可发邮件至 hqlbook@126.com 索取。

尽管我们在教材建设的特色方面作出了许多努力，由于编者的水平所限，教材中难免存在一些疏漏和不妥之处，恳请各教学单位和读者使用本教材时多提一些宝贵的意见和建议，以便改进。

编者

目　录

第一篇　静力学

第一章　静力学基础

第一节　静力学基本概念和公理 ············ 1
第二节　约束与约束反力 ············ 4
第三节　物体的受力分析和受力图 ········ 8
小结 ············ 9
思考题 ············ 10
习题 ············ 10

第二章　平面力系

第一节　力在坐标轴上的投影与合力
投影定理 ············ 13
第二节　平面汇交力系的平衡方程 ······ 15
第三节　力对点之矩合力矩定理 ········ 16
第四节　力偶 ············ 18
第五节　平面任意力系 ············ 21
第六节　物体系的平衡、静定和静不定
问题 ············ 26
第七节　平面简单桁架内力计算 ········ 29
小结 ············ 31

思考题 ············ 31
习题 ············ 33

第三章　摩擦

第一节　滑动摩擦 ············ 37
第二节　摩擦角与自锁 ············ 38
第三节　考虑摩擦时物体的平衡问题 ···· 39
第四节　滚动摩阻 ············ 41
小结 ············ 42
思考题 ············ 42
习题 ············ 42

第四章　空间任意力系和重心

第一节　力在空间直角坐标轴上的投影 ·· 45
第二节　力对轴的矩 ············ 46
第三节　空间任意力系的简化与平衡 ···· 47
第四节　重心 ············ 50
小结 ············ 54
思考题 ············ 54
习题 ············ 54

第二篇　材料力学

第五章　轴向拉伸与压缩

第一节　轴向拉伸或压缩时横截面上的内
力与应力 ············ 60
第二节　拉(压)杆的变形和虎克定律 ······· 63
第三节　拉伸和压缩时材料的力学性能 ·· 66
第四节　许用应力及安全系数 ········ 70
第五节　拉(压)杆的强度计算 ········ 71
第六节　拉伸和压缩的超静定问题 ···· 73
小结 ············ 74
思考题 ············ 75
习题 ············ 75

第六章　剪切

第一节　剪切变形时的内力与应力 ···· 78
第二节　挤压的概念与实例 ········ 80
小结 ············ 82
思考题 ············ 82

习题 ············ 82

第七章　扭转

第一节　扭矩和扭矩图 ············ 84
第二节　圆轴扭转时横截面上的应力和
强度条件 ············ 86
第三节　圆轴扭转时的变形和刚度条件 ·· 90
小结 ············ 93
思考题 ············ 94
习题 ············ 94

第八章　直梁弯曲

第一节　概述 ············ 96
第二节　平面弯曲时的内力——剪力和
弯矩 ············ 98
第三节　剪力图和弯矩图 ············ 100
第四节　剪力、弯矩和分布载荷间的
关系 ············ 104

第五节　弯曲时的正应力 …………… 105
第六节　提高弯曲强度的措施 ……… 112
第七节　弯曲刚度简介 ……………… 115
小结 ……………………………………… 118
思考题 …………………………………… 119
习题 ……………………………………… 119

第九章　应力状态理论和强度理论

第一节　轴向拉压杆斜截面上的应力 … 122
第二节　应力状态的概念 …………… 123
第三节　平面应力状态分析 ………… 123
第四节　强度理论的概念 …………… 127
小结 ……………………………………… 131
思考题 …………………………………… 131
习题 ……………………………………… 131

第十章　组合变形的强度计算

第一节　弯曲与拉伸（或压缩）的组合
　　　　变形 …………………………… 134
第二节　扭转与弯曲的组合变形 …… 135
小结 ……………………………………… 137
思考题 …………………………………… 138
习题 ……………………………………… 138

第十一章　压杆的稳定计算

第一节　工程中压杆的稳定性问题 ……… 139
第二节　细长压杆的临界力 ………… 140
第三节　欧拉公式的适用范围与经验
　　　　公式 …………………………… 141
第四节　压杆的稳定校核 …………… 143
第五节　提高压杆稳定性的措施 ……… 143
小结 ……………………………………… 144
思考题 …………………………………… 145
习题 ……………………………………… 145

附录

附表1　热轧等边角钢（GB/T 9787—
　　　　1988） …………………………… 146
附表2　热轧不等边角钢（GB/T 9788—
　　　　1988） …………………………… 149
附表3　热轧工字钢（GB/T 706—
　　　　1988） …………………………… 151
附表4　热轧槽钢（GB/T 707—1988） …… 153

部分习题参考答案

参考文献

第一篇 静 力 学

静力学是研究物体在力的作用下的平衡条件的科学。平衡是机械运动的一种特殊情况，即物体受力后的运动状态不发生变化。在生产和日常生活中，常常见到物体在力的作用下处于平衡状态。为了合理设计或选择这些构件的形状、尺寸，保证构件安全可靠地工作，必须首先运用静力学知识，对构件进行受力分析，并根据平衡条件求出未知力，所以静力学是学习本书第二篇材料力学的基础。

静力学的任务可归纳为以下三项。

① 物体的受力分析。即分析某个物体共受几个力，以及每个力作用线的位置、大小和方向。

② 力系的简化。作用在物体上的力往往是复杂的。通常把作用在物体上的一群力称为力系。若一个力系可以用另一个力系代替而不改变物体的原有状态，则称这两个力系等效。力系的简化就是将作用在物体上的力系替换为另一个与它等效且较为简单的力系。

③ 研究力系的平衡条件。即研究物体平衡时，作用在物体上的力系所应满足的条件。

第一章

静力学基础

第一节　静力学基本概念和公理

一、力的概念

力是物体之间的相互机械作用。这种作用能使物体的运动状态发生改变，称为力的外效应；也可使物体发生变形，称为力的内效应。理论力学主要研究力的外效应，而内效应是材料力学研究的内容。

力的作用效果决定于三个要素，即力的大小、力的方向和力的作用点。在国际单位制中，力的单位是牛顿（N），有时也以千牛（kN）作为单位。

力是一个矢量，可以用一个带箭头的线段来表示力的三个要素，如图1-1所示。线段的起点表示力的作用点，线段的方位和箭头指向表示力的方向，线段的长度按一定比例尺表示力的大小。本书中，力的矢量用黑体字母表示，如力 F，而普通字母 F 表示力 F 的大小。

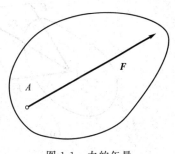

图1-1　力的矢量

力系是指作用在物体上的一组力。作用于物体上的力系如果可以用另一个力系来代替而效应相同，那么这两个力系互为**等效力系**。若一个力与一个力系等效，则这个力称为该力系的**合力**。

二、刚体

在力的作用下，其内部任意两点间的距离始终保持不变，这样的物体称为**刚体**。它是一个抽象化的力学模型。实际上物体在力的作用下，都会产生不同程度的变形，因此绝对的刚体是不存在的。一个物体在力的作用下变形很小，不影响研究物体的实质，就可将其视为刚体。静力学研究的物体只限于刚体，故称为刚体静力学，它是研究变形体力学的基础。

三、平衡的概念

物体相对于地面保持静止或匀速直线运动的状态称为物体的**平衡状态**。例如，桥梁、机床的床身、高速公路上匀速直线行驶的汽车等，都处于平衡状态。物体的平衡是物体机械运动的特殊形式。平衡规律远比一般的运动规律简单。

如果物体在某一个力系作用下处于平衡，则此力系称为**平衡力系**。力系平衡时所满足的条件称为**力系的平衡条件**。力系的平衡条件在工程中有着十分重要的意义。在设计工程结构的构件或匀速运动的机械零件时，需要先分析物体的受力情况，再运用平衡条件计算所受的未知力，最后按照材料的力学性能确定几何尺寸或选择适当的材料品种。有时对低速转动或直线运动加速度较小的机械零件，也可以近似地应用平衡条件进行计算。人们在设计各种机械零件或结构构件时，常常需要进行静力分析和计算，平衡规律在工程中有着广泛的应用。

四、静力学公理

静力学公理概括力的一些基本性质，是经过实践反复检验，被确认是符合客观实际的最一般的规律，是静力学全部理论的基础。

公理1 力的平行四边形法则

作用在物体上的同一个点的两个力可以合成为一个力。合力也作用于该点；合力的大小和方向，由这两个力为边构成的平行四边形的对角线确定，如图1-2所示。或者说合力等于原两力的矢量和，即

$$F_R = F_1 + F_2 \qquad (1-1)$$

式中的"＋"号为矢量相加，即按平行四边形法则相加，它是力系简化的重要基础。也可另作一力三角形来求两汇交力合力矢的大小和方向，即依次将 F_1 和 F_2 首尾相接画出，最后由第一个力的起点至第二个力的终点形成三角形的封闭边，即为此二力的合力矢 F_R，如图1-2(b)、图1-2(c)所示，此即称为力的三角形法则。

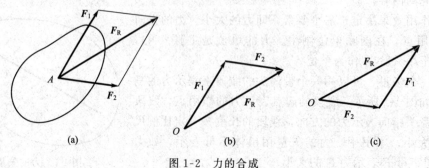

图1-2 力的合成

公理2　二力平衡条件

作用在刚体上的两个力,使刚体保持平衡的必要与充分条件是,这两个力大小相等,方向相反,作用在一条直线上,如图1-3所示。即

$$\boldsymbol{F}_1 = -\boldsymbol{F}_2 \tag{1-2}$$

必须指出,对于刚体这个条件是既必要又充分的。但对于非刚体,这个条件是不充分的。例如,软绳受两个等值反向的拉力作用可以平衡,而受两等值反向的压力作用就不能平衡。工程中把只受两个力作用而处于平衡状态的构件称为二力构件(或二力杆)。根据二力平衡条件,二力杆两端所受两个力大小相等、方向相反,作用线沿两个力的作用点的连线。如图1-4所示三角拱,其中 BC 杆在不记自重时,就可将其视为二力杆。

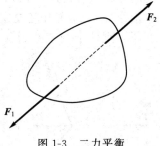

图1-3　二力平衡

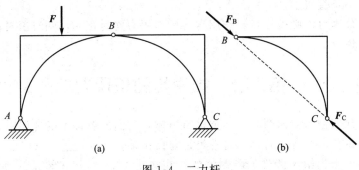

图1-4　二力杆

公理3　加减平衡力系公理

在已知力系上加上或减去一个平衡力系,并不改变原力系对刚体的作用效果。这个公理也只适用于刚体,这是力系简化的重要依据。

根据上述公理可以导出下列推论。

推论1　力的可传性

作用于刚体上某点的力,可以沿着它的作用线移到刚体内任意一点,并不改变该力对刚体的作用。此推论可由二力平衡公理和加减平衡力系公理导出。

证明　设在刚体上点 A 作用有力 F,如图1-5(a)所示。根据加减平衡力系公理,在该力的作用线上的任意点 B 加上平衡力 $\boldsymbol{F}_1$ 与 $\boldsymbol{F}_2$,且使 $\boldsymbol{F}_2 = -\boldsymbol{F}_1 = \boldsymbol{F}$,如图1-5(b)所示,由于 F 与 $\boldsymbol{F}_1$ 组成平衡力,可去除,故只剩下力 $\boldsymbol{F}_2$,如图1-5(c)所示,即将原来的力 F 沿其作用线移到了点 B。由此可见,对刚体而言,力的作用点不是决定力的作用效应的要素,它已被作用线所代替。因此作用于刚体上的力的三要素是力的大小、方向和作用线。作用于刚

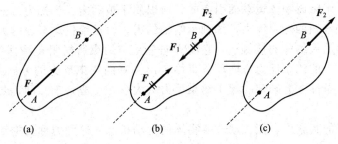

图1-5　力的可传性

体上的力可以沿着其作用线滑移，这种矢量称为滑移矢量。

推论2　三力平衡汇交定理

若一刚体上受三个力作用且处于平衡状态，其中两个力的作用线相交于一点，则此三力必在同一平面内，且第三个力的作用线必通过汇交点。

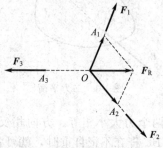

图1-6　三力平衡汇交

证明　如图1-6所示，在刚体的 A_1、A_2、A_3 三点上，分别作用三个相互平衡的力 F_1、F_2 和 F_3。根据力的可传性，将力 F_1 和 F_2 移到汇交点 O，然后根据力的平行四边形规则，得合力 F_R，则力 F_3 应与 F_R 平衡。由于两力平衡必须共线，所以力 F_3 必与 F_1 和 F_2 共面，且通过其汇交点。

公理4　作用与反作用定律

两个物体之间的作用力与反作用力总是大小相等，方向相反，作用在同一条直线上。

在应用这个公理时，必须注意：作用力与反作用力同时存在，同时消失；分别作用在两个相互作用的物体上。

第二节　约束与约束反力

在力学中通常把物体分为两类：一类是**自由体**，它们的位移不受任何限制，如鸟儿在天空中自由飞翔，鱼在水中自由游动；另一类是**非自由体**，它们的位移受到了预先给定条件的限制，如放在桌子上的书的位移受到桌面的限制，吊在电线上的灯泡的位移受到电线的限制，在工程结构中每一构件都根据工作的要求以一定的方式和周围其它构件相联系着，如图1-7所示，曲柄冲压机冲头受到滑道的限制只能沿垂直方向平动，飞轮受到轴承的限制只能绕轴转动，由以上分析引出约束和约束反力的概念。

对非自由体的某些位移起限制作用的周围物体称为**约束**，或者说对某一构件的运动起限制作用的其它构件，就称为这一构件的约束，如前面提到的桌面、电线、滑道、轴承等就分别是书、灯泡、冲头、飞轮的约束。

约束既然限制某一构件的运动，或者说约束能够起

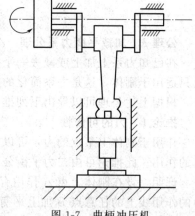

图1-7　曲柄冲压机

到改变物体运动状态的作用，所以约束就必须承受物体对它的作用力，与此同时，它也给被约束物体以反作用力，这种力称为**约束反力**（或简称反力）。

约束反力是由于阻碍物体运动而引起的，所以属于被动力、未知力。静力学分析的重要任务之一就是确定未知的约束反力，如轴承给轴的力，轨道给机车车轮的力等。约束反力的作用点在约束与被约束物体的接触点，它的方向总是与约束所能阻止物体的位移方向相反。根据约束的性质，有的约束反力方向可以直接定出，有的约束反力的方向则不能直接定出，要根据物体的平衡条件才能确定。至于约束反力的大小，一般是未知的，要由力系的平衡条件求出。

约束反力以外的其它力，能主动改变物体的运动状态，这种力称为**主动力**。如重力、气体压力等。

下面介绍几种常见的约束类型和确定约束反力方向的方法。

一、柔性约束

柔性约束由绳索、胶带或链条等柔软体构成，它们只能承受拉力而不能抵抗压力和弯曲（忽略其自重和伸长），所以柔性约束的约束反力只能是拉力，其方向一定沿着柔性体的轴线背离物体，如图 1-8(a) 所示的用铁链吊起重物，重力 G 是主动力，根据柔性约束的特点，可以确定铁链给铁环 A 的力一定是拉力（T、T_B 和 T_C）。铁链给重物的力也是拉力（S_B、S_C）。图 1-8(b) 所示的带传动中，传动带给两个带轮的力都是拉力，并沿传动带与轮缘相切的方向。

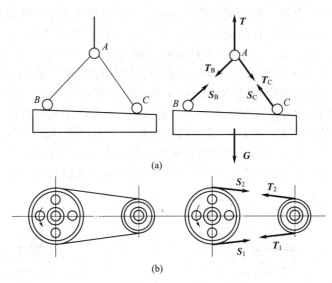

图 1-8 柔性约束

二、光滑面约束

两个互相接触的物体，如接触面上的摩擦力很小，可忽略不计时，这种光滑接触面所构成的约束，称为光滑面约束。这类约束的特点是无论平面或曲面都不能阻碍物体沿接触面的公切线方向运动，只能限制物体沿接触面公法线方向运动，也就是说物体可以沿接触面滑动或沿接触面在接触点的公法线方向脱离接触，但不能沿公法线方向压入接触面，所以光滑接触面给被约束物体的约束反力的作用线沿接触面在接触点的公法线上，其方向指向被约束物体。

物体受到光滑面的约束，如图 1-9(a) 所示，约束反力沿接触面的公法线方向指向被约束物体，接触点就是约束反力的作用点。如图 1-9(b) 所示的凸轮机构，如将凸轮视为顶杆

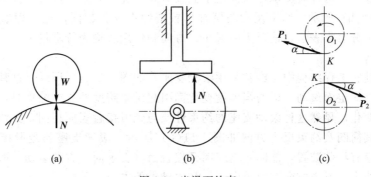

图 1-9 光滑面约束

的约束，当接触面光滑时约束反力也在接触处指向上。在齿轮传动时相啮合的一对轮齿以它们的齿廓相接触，如不计摩擦可以认为是光滑接触［图1-9(c)］，约束反力沿两轮齿廓接触点的公法线。

三、光滑铰链约束

通常由一个圆孔套在一个圆轴外面构成光滑铰链约束，它在工程中有多种具体形式，现将其中主要的几种分述如下。

1. 圆柱形销钉连接

两个零件的连接处用销钉连接起来，或用一个销钉将两个或更多个零件连接在一起，形成一个统一的关节（如合页）就构成圆柱形铰链，而销钉就是两个零件的约束，它只限制两零件的相对移动而不限制两零件的相对转动［图1-10(a)］，代表符号"○"，销钉给零件的反力用 N 表示，反力 N 的方向应该沿圆柱面在接触点 K 的公法线上（即销钉 K 的半径方向），通过铰链中心，指向被约束的物体，但销钉与零件接触点位置是随作用力的方向改变而改变的，当主动力尚未确定时其约束反力 N 的方向不能预先定出，然而，无论约束反力朝向何方，它的作用线必垂直于轴线并通过销钉中心。在受力分析时将圆柱形销钉的反力分解为两个互相垂直的分力 X_K 和 Y_K，反力的作用线一定通过销钉的中心，如图1-10(a) 所示，铰链约束反力的大小、方向、作用线均是未知而待求的量。工程上采用圆柱形铰链连接的实例很多，如曲柄连杆中的曲柄与连杆、连杆和滑块都是用圆柱形铰链连接的。

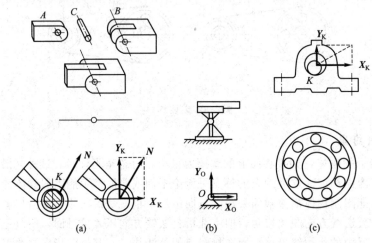

图1-10　光滑铰链约束

2. 固定铰支座

用铰链把零件、构件同支承面（固定平面或机架）连接起来，这种连接方式称为固定铰支座，如图1-10(b) 所示。约束反力与圆柱形铰链约束反力相同，也是用通过铰链中心且相互垂直的两个分力来表示，该反力的大小、方向和作用线均为待求量。

3. 滚动支座

在桥梁和其它工程结构中，经常采用滚动支座，如图1-11(a) 所示。这种支座中有几个圆柱滚子可以沿固定面滚动，以便当温度变化而引起桥梁跨度伸长或缩短时，允许两支座间的距离有微小变化，显然这种滚动支座的约束性质与光滑接触表面相同，其约束反力必然垂直于固定面，其简图及约束反力方向如图1-11(b) 所示。滚动支座与光滑接触面之间的区别在于这种支座有特殊装置，能阻止支座离开接触面（支承面）方向运动，所以活动铰支座可以视为双向约束，反力方向有时也向下，和主动力的方向有关。

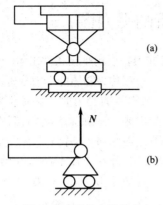

图 1-11　滚动支座约束

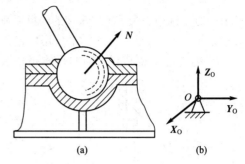

图 1-12　球形铰链约束

4. 向心轴承

向心轴承包括向心滑动轴承和向心滚动轴承，如图 1-10(c) 所示，只限制轴的移动而不限制轴的转动，这一约束性质与铰链相同，所以向心轴承的反力也用两个正交分力 X_K、Y_K 来表示。

5. 球形铰链约束

球形铰链约束的结构如图 1-12(a) 所示，杆端为球形，它被约束在一个固定的球窝中（简称球铰），球和球窝半径近似相等，球心是固定不动的，杆只能绕此点在空间任意转动，与圆柱形铰链约束类似，球和球窝的接触点的位置不能由约束的性质来决定，而取决于被约束物体上所受的力，但是可以肯定的是在光滑接触的情况下，约束反力的作用线必通过球心，通常把它沿坐标轴分解为三个正交分力，用 X_O、Y_O、Z_O 表示如图 1-12 (b) 所示。

四、止推轴承

止推轴承是机器中常见的一种约束，它的结构如图 1-13(a) 所示。止推轴承能在垂直于轴线平面内提供任意方向的径向反力 X_A、Y_A，还能提供轴向约束反力 Z_A。这种约束的结果虽然与球铰不同，但其约束反力的特征与球铰相同。其力学简图如图 1-13(b) 所示。

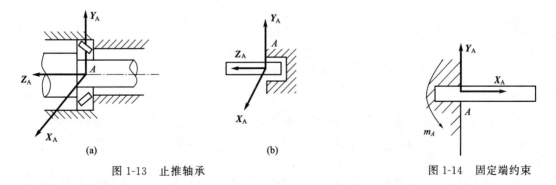

图 1-13　止推轴承　　　　　　　　　　　　　　　　　　图 1-14　固定端约束

五、固定端约束

这种约束类型如钉子钉入墙壁，电线杆埋入地中，均为物体一端固定，故称为固定端约束。这种约束除了限制物体在水平方向和垂直方向移动外，还能限制物体在平面内的转动，因此除了有约束反力 X_A、Y_A 还有约束反力偶 m_A，如图 1-14 所示。

第三节 物体的受力分析和受力图

在工程实际中，为了求出未知的约束反力，需要根据已知力，应用平衡条件求解。为此，首先要确定物体受几个力，每个力的作用位置和作用方向，这个过程称为物体的受力分析。

一个物体总是和其它周围的物体相联系着，在分析一个物体的受力时，必须把它从周围

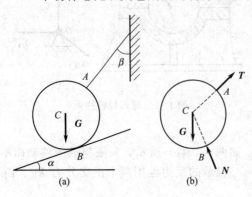

图 1-15 例 1-1 图

的物体中分离出来，单独画出它的简图，这个步骤称为取研究对象或分离体。然后把施力物体对研究对象的作用力（含主动力和约束反力）全部画出来。这种表明物体受力的简明图形，称为受力图。画物体的受力图是解决静力学问题的基础。下面举例说明。

例 1-1 如图 1-15(a) 所示，重量为 G 的球搁置在倾角为 α 的光滑斜面上，用不可伸长的绳索系于墙上，其中角度 β 已知，试画出球的受力图。

解

（1）取球为研究对象，并单独画出其简图。

（2）画主动力。有重力 G 作用于球心。

（3）画约束反力。球在 B 处受到光滑面约束，约束反力 N 沿 B 点公法线而指向球心。在 A 处受到绳索约束，约束反力 T 为沿绳索背离球的拉力。

球的受力图如图 1-15(b) 所示。

例 1-2 图 1-16(a) 所示为三角形支架 ABC，其上作用铅垂力 P，杆重略去不计，试分析杆 BC 和梁 AB 的受力图。

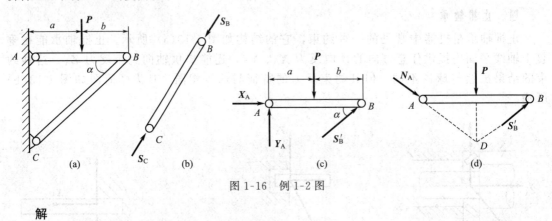

图 1-16 例 1-2 图

解

（1）先选杆 BC 为研究对象，由于其自重不计，因此只在杆的两端分别受铰链的约束反力 S_B 和 S_C 的作用，根据二力平衡公理，这两个力的作用线沿 B、C 两点连线且等值、反向，如图 1-16(b) 所示。

（2）选梁 AB 为研究对象，它受主动力 P 的作用。梁在铰链 B 处受二力构件 BC 给它的约束反力 S_B' 的作用。根据作用与反作用定律，$S_B' = -S_B$。梁在 A 处受到固定铰支座给它的约束反力 N_A 的作用，由于方向未知，可用两个方向未定的正交分力 X_A 和 Y_A 表示，如图 1-16(c) 所示。

再进一步分析，梁 AB 在 P、S_B 和 N_A 三个力作用下处于平衡状态，故可根据三力平衡汇交定理，确定铰链 A 处约束反力 N_A 的方向。点 D 为力 P 与 S_B' 作用线的交点，因此，反

力 N_A 的作用线也通过点 D，如图 1-16(d) 所示。至于 N_A 的指向，以后由平衡条件或力三角形首尾相接确定。

例 1-3 图 1-17(a) 所示折梯，其 AC 和 BC 两部分在 C 处铰接，在 D、E 两点用水平绳索连接，折梯放在光滑水平面上，在点 H 处作用一垂直载荷 P，若折梯两部分的重量均为 W，试分别画出 AC、BC 两部分以及整个系统的受力图。

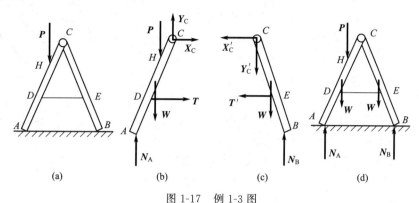

图 1-17 例 1-3 图

解

(1) 取折梯的 AC 部分为研究对象。它所受的主动力为 P 和 W。在 A 处受光滑面的约束，约束反力为法向反力 N_A；在 D 处受绳索约束，约束反力为沿绳索的拉力 T；在铰链 C 处，受 BC 的约束反力 X_C、Y_C。其受力如图 1-17(b) 所示。

(2) 取折梯的 BC 部分为研究对象。它所受的主动力为 W。在 B 处受光滑面对它的法向反力 N_B；在 E 处受绳索对它的拉力 T'；在铰链 C 处受到 AC 部分的约束力 X'_C 和 Y'_C（与 X_C、Y_C 互为作用力和反作用力）。其受力如图 1-17(c) 所示。

(3) 以整个系统为研究对象。由于铰链 C 处所受的力 $X_C = -X'_C$、$Y_C = -Y'_C$，绳索拉力 $T = -T'$，互为作用力和反作用力。这些力在系统内部成对出现，称为内力。内力对系统的作用力效果相互抵消，因此可以除去，并不影响整个系统的平衡，故内力在受力图上不必画出来，在受力图上只需画出系统以外的物体给系统的作用力（称为外力）。这里载荷 P 和重力 W 及约束反力 N_B、N_C 都是作用于系统的外力。系统受力如图 1-17(d) 所示。

必须指出，内力和外力的区分不是绝对的，它们在一定条件下可以相互转化。例如，当选取折梯的 AC 部分为研究对象时，X_C、Y_C 及 T 均属外力，而取整个系统为研究对象时，它们均为内力。可见，内力和外力的区分，只有相对于某一确定的研究对象时才有意义。

小   结

(1) 本章主要讲述了力的概念，力的三要素，静力学公理及约束，约束类型。

(2) 画受力图的步骤：

① 明确研究对象：明确是研究整个系统受力还是只研究其中某一单个物体的受力。

② 画出研究对象的分离体图。

③ 分析研究对象的受力：首先分析该研究对象与周围什么物体相联系，找出其它物体对研究对象的作用力，对每一个力都应明确它是哪一个施力体施加给研究对象的，决不能凭空产生。

④ 在分离体图上画出全部力即受力图。其顺序为先画已知力，再画未知的约束反力，画约束反力时要充分灵活运用静力学公理和约束类型来确定其约束反力的方向，不能主观臆测。

⑤ 对于物体系统只画外力而不画内力，不能无中生有地多画力，也不能马马虎虎地丢掉力。

⑥ 当分析两物体间相互作用力时，应遵循作用与反作用关系，即作用力的方向一经假

定，则反作用力的方向应与之相反。

思 考 题

1-1　如图所示的两个大小相等的力矢 F_1、F_2，它们对刚体的作用是否等效？

1-2　说明下列式子的意义和区别：

$$P_1 = P_2 \qquad P_1 = P_2$$

$$F_R = F_1 + F_2 \qquad F_R = F_1 + F_2$$

在什么情况下，$F_R = F_1 + F_2$ 和 $F_R = F_1 + F_2$ 两式结果是相同的？

1-3　平衡状态一定静止吗？什么是平衡力系？

1-4　什么是二力杆？凡是两端用光滑铰链连接的杆是否都是二力杆，分析平衡的二力构件的受力与构件的形状是否有关？

1-5　以什么原则确定约束反力的方向？有几种约束类型？

1-6　二力平衡公理与作用反作用公理有何区别？

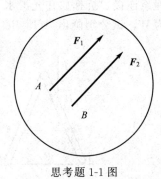

思考题 1-1 图

习 题

1-1　画出下列各图中指定物体的受力图，接触处可视为光滑，没有画出重力的物体都不考虑自重。

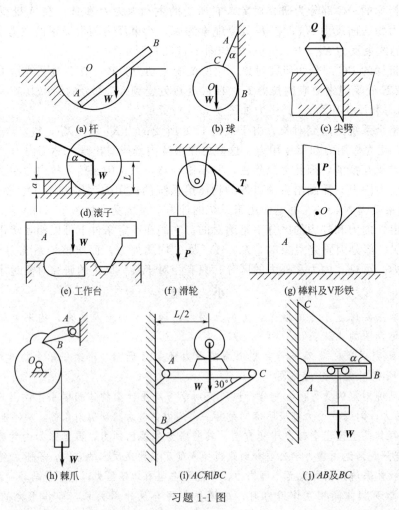

(a) 杆　　　(b) 球　　　(c) 尖劈

(d) 滚子　　　(f) 滑轮　　　(g) 棒料及V形铁

(e) 工作台

(h) 棘爪　　　(i) AC和BC　　　(j) AB及BC

习题 1-1 图

1-2　分析图示各系统中 A、B、C 刚体与 ABC 物系的受力。假定所有的接触面都是光滑的，其中没有画重力 **G** 的物体不用考虑重量。

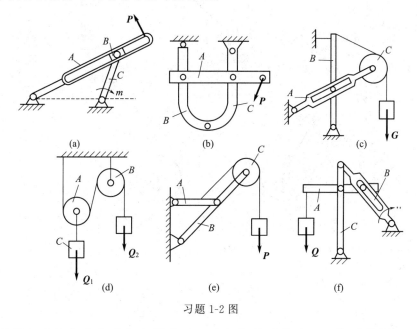

习题 1-2 图

1-3　悬臂起重吊车受力平衡如图所示，已知起吊重量为 **Q**，均质横梁 AB 自重为 **G**，A、B、C 处均为光滑铰链，试分别画出拉杆 BC 和横梁 AB 的受力图。

1-4　摇臂起重机受力平衡如图所示，已知起吊重量为 **Q**，起重机本身重量为 **G**。试画出此起重机的受力图。

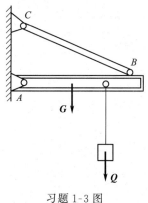

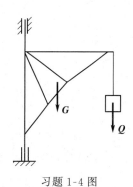

习题 1-3 图

习题 1-4 图

1-5　试画出以下各图中 AB 杆的受力图。

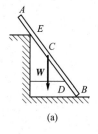

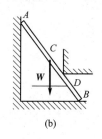

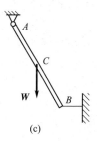

(a)　　　　　　　　(b)　　　　　　　　(c)

习题 1-5 图

1-6 试画出以下各图中圆柱或圆盘的受力图。与其它物体接触处的摩擦力均略去。

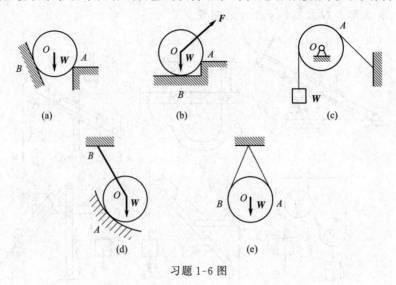

习题 1-6 图

第二章

平面力系

作用在物体上是的一组力称为力系。如果力系中各力的作用线均在同一平面内，则此力系称为平面力系。根据各力的作用线分布的特点，平面力系分为平面汇交力系、平面平行力系、平面任意力系。

本章主要研究平面力系的合成与平衡问题，这是静力学的重点内容。

第一节　力在坐标轴上的投影与合力投影定理

求一个平面汇交力系合成的过程即为平面汇交力系的合成。由静力学基本公理1可知作用于物体上同一点的两个力的合力可根据平行四边形公理或力三角形法则画出。在此基础上对于多个共点力所构成的平面汇交力系求合力，可连续应用力的平行四边形公理，或将力三角形法则推广到力的多边形法则。但是，用力的平行四边形法则或力的多边形法则求多个汇交力的合力时，无论采用几何图形还是几何计算都不很方便，而采用力系合成的解析法来求多个汇交力的合力则要简捷、准确得多。力系合成的解析法，就是通过力矢量在坐标轴上的投影来表示合力与分力之间的关系。

一、力在平面直角坐标轴上的投影

如图2-1所示，若已知力 F 和平面直角坐标轴 x、y 正向的夹角分别为 α、β，则力 F 在该平面坐标轴上的投影为

$$F_x = F\cos\alpha$$
$$F_y = F\cos\beta \tag{2-1}$$

即力在某轴上的投影等于力的大小乘以力与投影轴正向夹角的余弦。可以看出。力与投影轴正向夹角为锐角时，其投影为正；力与投影轴正向夹角为钝角时，其投影为负。这就表明了力在轴上的投影为代数量。反之，若已知力 F 在平面直角坐标轴上的投影 F_x 和 F_y，则该力的大小表示为

$$F = \sqrt{F_x{}^2 + F_y{}^2} \tag{2-2}$$

必须指出，力 F 在 x、y 轴上的投影 F_x、F_y 为代数量，但力沿轴的分力是矢量。在平面直角坐标系中，尽管投影 F_x 和 F_y 与分力 F_x 和 F_y 的大小一样，但两者是有区别的，切

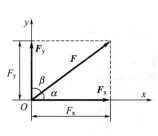

图 2-1　力的直角投影

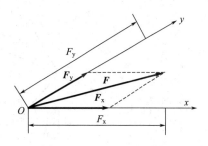

图 2-2　力的非直角投影

不可把两者混淆。画一个力 F 在轴上的投影时，要从 F 的两个端点分别向轴画垂线，两垂足间的线段即代表投影的大小，而画力 F 沿两轴分力时，要用平行四边形法则将力 F 分解。图 2-2 所示的力 F 在非直角坐标轴 x、y 上的投影 F_x、F_y，显然不等于该力沿非直角坐标轴 x、y 的分力 F_x、F_y。

二、合力的投影定理

合力投影定理建立了合力投影与分力投影之间的关系。在物理中已学习过平面汇交力系合成的几何法，也就是用力多边形求合力的方法。如图 2-3(a) 所示，F_1、F_2、F_3、F_4 汇交于 O，则将这四个力首尾相接构成一折线 $ABCDE$，连接 AE 的矢量即为合力 F_R，如图 2-3(b) 所示。将力多边形投影到 x 轴上，则

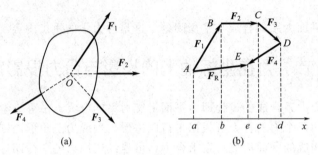

图 2-3　合力的投影

$$ae = ab + bc + cd - de$$

根据投影的定义，上式左端为合力 F_R 的投影，右端为四个分力投影的代数和，即

$$F_{Rx} = F_{1x} + F_{2x} + F_{3x} + F_{4x}$$

显然，上式可推广到任意多个力的情况，即

$$F_{Rx} = F_{1x} + F_{2x} + \cdots + F_{nx} = \sum_{i=1}^{n} F_{ix}$$

$$F_{Ry} = F_{1y} + F_{2y} + \cdots + F_{ny} = \sum_{i=1}^{n} F_{iy} \tag{2-3}$$

于是可得结论：合力在任一轴上的投影等于各分力在同一轴上的投影的代数和。这就是合力投影定理。

三、平面汇交力系合成的解析法

求平面汇交力系合力的解析法，是用力在直角坐标轴上的投影，计算合力的大小，确定合力的方向。

设在刚体上的点 O 处，作用了 n 个力 F_1、F_2、$\cdots$、F_n 组成的平面汇交力系，如图

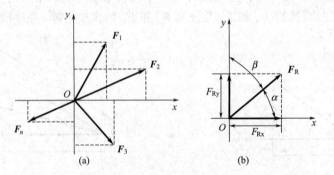

图 2-4　汇交力系的投影

2-4(a)所示，求合力的大小和方向。根据合力投影的定理，可求得合力 $\boldsymbol{F}_R$ 在这两正交轴上的投影，如图 2-4(b) 所示。

根据式(2-2)可求得合力的大小和方向：

$$F_R = \sqrt{F_{Rx}^2 + F_{Ry}^2} = \sqrt{(\sum_{i=1}^{n} F_{ix})^2 + (\sum_{i=1}^{n} F_{iy})^2} \tag{2-4}$$

$$\tan\alpha = \left| \frac{F_{Ry}}{F_{Rx}} \right| \tag{2-5}$$

α 表示合力与 x 轴所夹的锐角，$\boldsymbol{F}_R$ 的实际指向由 $\tan\alpha$ 的正负号决定。

第二节 平面汇交力系的平衡方程

平面汇交力系可以合成为一合力，即平面汇交力系可用其合力来代替。显然，如果合力为零，则物体在此平面汇交力系作用下一定处于平衡。反之，如果物体处于平衡，则作用于物体上的力系的合力必须为零。所以，平面汇交力系平衡的充分和必要条件是力系的合力 $\boldsymbol{F}_R$ 等于零。则由式(2-4) 应有

$$F_R = \sqrt{(\sum_{i=1}^{n} F_{ix})^2 + (\sum_{i=1}^{n} F_{iy})^2} = 0$$

欲使上式满足，必须同时满足

$$\left. \begin{array}{l} \sum F_x = 0 \\ \sum F_y = 0 \end{array} \right\} \tag{2-6}$$

于是得到**平面汇交力系平衡的解析条件**为：力系中的各力在 x、y 轴上的投影的代数和分别等于零。

式(2-6) 称为**平面汇交力系的平衡方程**。这是两个独立的方程，可以求解两个未知量。

用平衡方程求解平面汇交力系平衡问题的主要步骤是：根据题意选取适当的研究对象；进行受力分析，画出研究对象的受力图；在力系平面内选定坐标系，列平衡方程并求解。

例 2-1 如图 2-5(a) 所示，重物 $P=20$kN，用钢丝绳挂在支架的滑轮 B 上，钢丝绳的另一端缠绕在绞车 D 上。杆 AB 与 BC 铰接，并以铰链 A、C 与墙连接。如两杆和滑轮的自重不计，并忽略摩擦和滑轮的大小，试求平衡时杆 AB 和 BC 所受的力。

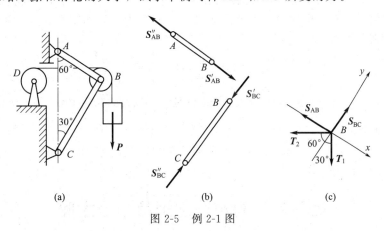

图 2-5 例 2-1 图

解

(1) AB、BC 两杆都是二力杆，假设杆 AB 受拉力，杆 BC 受压力，如图 2-5(b) 所示。

为了求出这两个未知力，可通过求两杆对滑轮的约束反力来解决。因此选取滑轮为研究对象。

（2）滑轮受到钢丝绳的拉力 T_1 和 T_2 如图 2-5(c) 所示。已知 $T_1 = T_2 = P$。由于滑轮的大小可忽略不计，故这些力可视为汇交力系。

（3）选取坐标轴如图 2-5(c) 所示。为使每个未知力只在一个轴上有投影，在另一轴上的投影为零，坐标轴应尽量取与未知力作用线垂直的方向。

（4）列平衡方程：

$$\sum F_x = 0 \qquad -S_{AB} + T_1 \cos 60° - T_2 \cos 30° = 0$$
$$\sum F_y = 0 \qquad S_{BC} - T_1 \cos 30° - T_2 \cos 60° = 0$$

（5）求解方程：

$$S_{AB} = -0.366P = -7.32\text{kN}$$
$$S_{BC} = 1.366P = 27.32\text{kN}$$

所求结果 S_{BC} 为正值，表示该力的假设方向与实际方向相同，即 BC 杆受压；S_{AB} 为负值，表示该力的假设方向与实际方向相反，即杆 AB 杆也受压。

例 2-2　杆 AC、BC 杆在 C 处铰接，另一端均与墙面铰接，如图 2-6(a) 所示，F_1 和 F_2 作用在销钉 C 上，$F_1 = 445\text{N}$，$F_2 = 535\text{N}$，不计杆重，试求两杆所受的力。

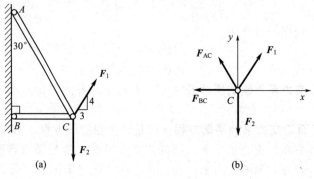

图 2-6　例 2-2 图

解

（1）取节点 C 为研究对象，注意 AC、BC 都为二力杆，假定两杆都受到的是拉力，由作用力与反作用力公理，可知两杆对节点 C 的力，画受力图，如图 2-6(b) 所示。

（2）列平衡方程：

$$\sum F_y = 0 \qquad F_1 \times \frac{4}{5} + F_{AC} \sin 60° - F_2 = 0$$

$$\sum F_x = 0 \qquad F_1 \times \frac{3}{5} - F_{BC} - F_{AC} \cos 60° = 0$$

（3）求解方程：

$$F_{AC} = 207\text{N}；F_{BC} = 164\text{N}$$

AC 与 BC 两杆均受拉。

第三节　力对点之矩合力矩定理

在研究平面任意力系的简化和平衡问题时，要用到力对点之矩的概念和计算、力偶的概念和性质。这些知识在理论上和实际应用上都具有重要意义。

一、力对点之矩

实践表明，力除了能使物体移动外，还能使物体绕某一点转到。例如，用扳手拧紧螺母时（图 2-7），作用在扳手上的力 F 能使扳手连同螺母绕 O 点（亦即绕通过 O 点垂直于图面的轴）转动。由经验可知，拧紧螺母的作用不仅与力 F 的大小有关（F 越大，螺母拧得越紧），而且与 O 点到力 F 的作用线的垂直距离 d 有关（d 越大，拧紧螺母越省力）。因此，力 F 使扳手绕 O 点的转动效果可用两者的乘积 Fd 来度量，此乘积称

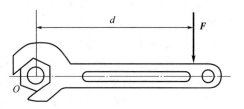

图 2-7　力对点之矩

为力 F 对 O 点之矩，简称**力矩**。O 点称为力矩中心，简称**矩心**。O 点到力 F 的作用线的垂直距离 d 称为**力臂**。

显然，力 F 使扳手绕 O 点转动的方向不同，转动效果也不同。

由此可见，力 F 使物体绕 O 点转动的效果，由下列两个因素决定：力的大小与力臂的乘积 Fd；力使物体绕 O 点转动的方向。

为了区别力使物体绕矩心转动的方向，通常规定：力使物体绕矩心逆时针方向转动时，力矩为正；力使物体绕矩心顺时针方向转动时，力矩为负。

平面上力对点之矩是一个代数量，力矩的大小等于力的大小与力臂的乘积，其正、负号表示力使物体绕矩心转动的方向。

力 F 对 O 点之矩用符号 $M_O(F)$ 表示，其计算公式为

$$M_O(F) = \pm Fd \tag{2-7}$$

力矩常用的单位为 N·m 或 kN·m。

当力的作用线通过矩心时，因力臂为零，故力矩等于零，此时力不能使物体绕矩心转动。

二、合力矩定理

在计算力矩时，力臂一般可通过几何关系确定。但在有些实际问题中，由于几何关系比较复杂，力臂不易求出，因而力矩不便于计算。这时，若将力进行适当分解，计算各分力的力矩比较方便。因此，有必要找出合力对某点之矩与其各分力对同一点之矩的关系。

下面以平面汇交力系为例予以说明。

如图 2-8 所示，设在物体上的 A 点作用有两个汇交的力 F_1 和 F_2，该力系的合力为 F_R。各力对力系的作用面内任一点 O 之矩分别为

$$M_O(F_1) = F_1 d_1$$
$$M_O(F_2) = -F_2 d_2$$

合力 F_R 对 O 之矩为

$$M_O(F_R) = F_R d$$

可以证明（略）

$$M_O(F_R) = M_O(F_1) + M_O(F_2)$$

以上可以推广到多个汇交力的情况，即

$$M_O(F_R) = M_O(F_1) + M_O(F_2) + \cdots + M_O(F_n) = \sum M_O(F) \tag{2-8}$$

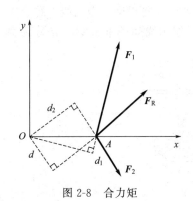

图 2-8　合力矩

式（2-8）表明，平面汇交力系的合力对平面内任一点之

矩等于其各分力对该点之矩的代数和。此关系称为**合力矩定理**。这个定理也适用于有合力存在的其它各种关系，这将在后面有关章节中讨论。

例 2-3 试求图 2-9 中力 F 对 O 点之矩。

解

（1）按式（2-7）直接求解，有

$$M_O(F) = Fh = F(OA\sin\alpha + AB\cos\alpha + BC\sin\alpha)$$

（2）将 F 分解为两个分力 F_x、F_y，有

$$M_O(F_x) + M_O(F_y) = F\cos\alpha AB + F\sin\alpha(OA + BC) = M_O(F)$$

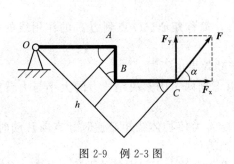

图 2-9 例 2-3 图

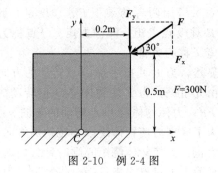

图 2-10 例 2-4 图

例 2-4 试求图 2-10 中力 F 对 C 点之矩。

解 先将力 F 分解为 F_x、F_y，有

$$F_x = F\cos30°; \quad F_y = F\sin30°$$

利用合力矩定理，得

$$M_C(F) = M_C(F_x) + M_C(F_y) = 0.5F_x - 0.2F_y$$
$$= 0.5 \times 0.866 \times 300 - 0.2 \times 0.5 \times 300 = 100\text{N} \cdot \text{m}$$

第四节 力 偶

一、力偶及力偶矩

在生产实践和日常生活中，经常遇到大小相等、方向相反、作用线不重合的两个平行力所组成的力系。这种力系只能使物体产生转动效应而不能使物体产生移动效应。例如，司机用双手操纵方向盘 [图 2-11(a)]，木工用丁字头螺丝钻钻孔 [图 2-11(b)]，以及用拇指和食指开关自来水龙头或拧钢笔套等。在同一物体上受等值反向的两平行力作用，其合力显然等于零，但是由于它们不共线而不能相互平衡。这种大小相等、方向相反、作用线不重合的两个平行力称为**力偶**。用符号（F，F'）表示。力偶的两个力作用线间的垂直距离 d 称为**力偶臂**，力偶的两个力所构成的平面称为**力偶作用面**。

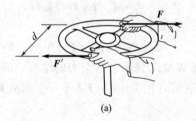
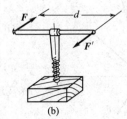

(a)　　　　　　　　　　(b)

图 2-11 力偶

显然，力偶不可能合成为一个力，或用一个力来等效替换，因而力偶也不能用一个力来平衡。所以力和力偶是力学中的两个基本力学量。

实践表明，当力偶的力 F 越大，或力偶臂 d 越大，则力偶使物体的转动效应就越强；反之就越弱。因此，与力矩类似，用 F 与 d 的乘积来度量力偶对物体的转动效应，这一乘积称为**力偶矩**。

力偶（F，F'）的力偶矩，以符号用 m（F，F'）表示，或简写为 m，则

$$m = \pm Fd \qquad (2\text{-}9)$$

式(2-9)中正、负号表示力偶矩的转向。通常规定：若力偶使物体作逆时针方向转动时，力偶矩为正；反之为负。在平面力系中，力偶矩是代数量。力偶矩的单位与力矩相同。在国际单位制中用 N·m 或 kN·m。

二、力偶的基本性质

力偶只能使刚体产生转动，其转动效应应该用力和力偶臂之积即力偶矩来度量。由于一个力偶对物体的作用效应完全取决于其力偶矩，所以由力学证明得到下面结论。

（1）力偶和力一样是静力学的两个基本要素之一，它在任何情况下都不能合成为一个力，或用一个力来等效替换。因此力偶不能用一个力来平衡，而只能用力偶来平衡。

（2）力偶对物体的转动效果只决定于力偶矩，只要力偶矩保持不变，则力偶对物体的作用效果也不会改变。

（3）在保持力偶矩的大小和转向不变的条件下，可任意改变力偶中力的大小和力偶臂的长短，如图 2-12 所示，用 12cm 长的绞杠攻螺纹施加 20N 的力，与用 24cm 长的绞杠攻螺纹，施加 10N 的力，其作用效果是相同的。

（4）作用在刚体上的力偶，只要保持其转向及力偶矩的大小不变，可在其力偶作用面内任意转移位置。如图 2-13 所示，将作用在方向盘上的力偶转一个角度，只要保持力偶矩不变，其作用效果也不会改变。

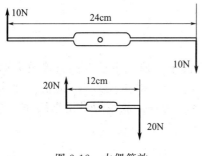

图 2-12 力偶等效

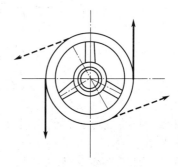

图 2-13 力偶转移

三、平面力偶系的合成及平衡

1. 平面力偶系的合成

作用在同一平面内的一群力偶，称为**平面力偶系**。力偶系的合成，就是求力偶系的合力偶。平面力偶系合成可以根据力偶等效性来进行。设 m_1、m_2、…、m_n 为平面力偶系中各力偶的力偶矩，M 为合力偶的力偶矩，则合力偶矩等于平面力偶系中各分力偶矩的代数和。即

$$M = m_1 + m_2 + \cdots + m_n = \sum m_i \qquad (2\text{-}10)$$

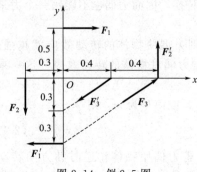

图 2-14　例 2-5 图

2. 平面力偶系的平衡条件

由于平面力偶系合成的结果只能是一个合力偶，当其合力偶矩等于零时，表明使物体顺时针方向转动的力偶矩与使物体逆时针方向转动的力偶矩相等，作用效果相互抵消，物体保持平衡状态，也就是相对静止或作匀速转动。因此，平面力偶系平衡的必要和充分条件是所有各力偶矩的代数和等于零，即

$$\sum m_i = 0 \qquad (2\text{-}11)$$

式 (2-11) 称为平面力偶系的平衡方程。

例 2-5　如图 2-14 所示，$F_1 = F_1' = 150\text{N}$，$F_2 = F_2' = 200\text{N}$，$F_3 = F_3' = 250\text{N}$。求合力偶。

解

(1) 求各个力偶的力偶矩：

$$m_1(\boldsymbol{F}_1, \boldsymbol{F}_1') = -F_1 \times (0.5 + 0.3 + 0.3) = -150 \times 1.1 = -165\text{N} \cdot \text{m}$$

$$m_2(\boldsymbol{F}_2, \boldsymbol{F}_2') = F_2 \times (0.3 + 0.4 + 0.4) = 200 \times 1.1 = 220\text{N} \cdot \text{m}$$

$$m_3(\boldsymbol{F}_3, \boldsymbol{F}_3') = F_3 \times 0.4 \times 0.6 = 250 \times 0.4 \times 0.6 = 60\text{N} \cdot \text{m}$$

(2) 求合力偶矩：

$$M = m_1 + m_2 + m_3 = -165 + 220 + 60 = 115\text{N} \cdot \text{m}$$

合力偶转向为逆时针。

例 2-6　简支梁 AB 上作用有两个平行力和一个力偶，如图 2-15(a) 所示，已知 $P = P' = 2\text{kN}$，$a = 1\text{m}$，$m = 20\text{kN} \cdot \text{m}$，$l = 5\text{m}$。求 A、B 两支座的反力。

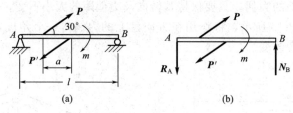

图 2-15　例 2-6 图

解　P 与 P' 组成一个力偶，故简支梁上的载荷为两个力偶。由于力偶只能被力偶所平衡，故支座 A、B 处反力必须组成一个力偶。B 为滚动支座，约束反力 $\boldsymbol{N}_B$ 应沿支承面的法线即铅垂线，固定支座 A 的约束反力 $\boldsymbol{R}_A$ 与 N_B 应组成一力偶，故也应沿铅垂线而与 $\boldsymbol{N}_B$ 方向相反，且 $R_A = N_B$。

由平面力偶系平衡方程：

$$\sum m_i = 0 \qquad -Pa\sin30° - m + N_B l = 0$$

即

$$-2 \times 1 \times 0.5 - 20 + N_B \times 5 = 0$$

故

$$N_B = R_A = 4.2\text{kN}$$

四、力的平移定理

力对物体的作用效果决定于力的三要素：力的大小、方向和作用点。力沿其作用线移动时，力对物体的作用效果是不变的。但是如果保持力的大小和方向不变，将力的作用线平行移动到另一个位置，则力对物体的作用效果将发生改变。那么，在什么条件下，力平行移动后，才能与原力等效呢？力的平移定理回答了这一问题。

设在刚体上某点 A 作用着力 $\boldsymbol{F}$。为了使这个力作用到刚体内任一点 O，如图 2-16(a)

所示，而不改变原来对刚体的效应，可进行下列变换。

在点 O 上添加一对与原来力 F 平行的平衡力 F'、F''，且令力 $F' = -F'' = F$，如图 2-16 (b) 所示。显然，这三个力组成的力系与原力系等效，将刚体转化成受一个力 F' 和一个力偶 $(F''，F)$ 的作用。于是得到力的平移定理：可以把作用在刚体上点 A 的力 F 平移到任一点 O，但必须同时附加一个力偶，这个附加力偶的矩 m 等于原来的力 F 对新作用点 O 的矩，即 $m = m_O(F) = Fd$，如图 2-16(c)。

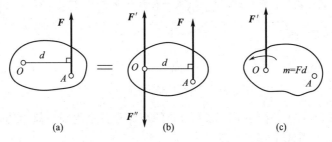

图 2-16 力的平移

力的平移定理不仅是力系向一点简化的依据，而且此定理可以用来解释一些实际问题。例如，如果用一只手扳动扳手（图 2-17），力 F 平移到中心 O 点，要附加一个力偶，其矩为 $m = -Fd$，力偶使丝锥转动，而作用在 O 点的力 F' 使丝锥弯曲，故容易折断丝锥，同时也影响加工精度。所以攻螺纹时必须用两手握扳手，而且用力要相等。

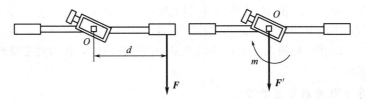

图 2-17 力的平移应用

第五节　平面任意力系

各力的作用线在同一平面内任意分布的力系称为平面任意力系。平面任意力系是工程上最常见的力系，许多实际问题都可以简化为平面任意力系问题来处理。

一、平面任意力系向一点简化

设刚体上作用一平面任意力系 F_1、F_2、$\cdots$、F_n，分别作用于 A_1、A_2、$\cdots$、A_n，如图 (2-18) 所示。根据力的平移定理，将力系中诸力向平面内任一点 O 平移，O 点称为简化中心。这样得到作用于 O 点的力系 F_1'、F_2'、$\cdots$、F_n'，以及相应的附加力偶系 m_1、m_2、$\cdots$、m_n，这些力偶作用在同一平面内，它们的矩分别等于力 F_1、F_2、$\cdots$、F_n 对 O 点的矩，即

$$m_1 = M_O(F_1)，m_2 = M_O(F_2)，\cdots，m_n = M_O(F_n)$$

这样，平面任意力系分解成了两个简单力系：平面汇交力系和平面力偶系。

平面汇交力系可以进一步合成为一个力 F_R'，该力的作用线通过简化中心 O，其大小和方向由各分力的矢量和决定，即

$$F_R' = F_1' + F_2' + \cdots + F_n' = F_1 + F_2 + \cdots + F_n = \sum F_i$$

若过 O 点作直角坐标系 Oxy，则 F_R' 在 x、y 轴上的投影分别为

$$F'_{Rx} = F_{1x} + F_{2x} + \cdots + F_{nx} = \sum F_{ix}$$
$$F'_{Ry} = F_{1y} + F_{2y} + \cdots + F_{ny} = \sum F_{iy}$$

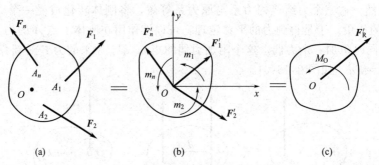

图 2-18 平面任意力系向一点简化

平面力偶系可合成为一个力偶，这个力偶的矩等于各个附加力偶矩的代数和。它称为原力系对 O 点的主矩，用 M_O 表示，即

$$M_O = m_1 + m_2 + \cdots + m_n = M_O(F_1) + M_O(F_2) + \cdots + M_O(F_n) = \sum m_i$$

结论：平面任意力系向作用面内一点 O（简化中心）简化，一般可得到一个力和一个作用在力系平面的力偶；这个力的矢量 F'_R 称为力系的**主矢**，等于力系各力的矢量和，作用线通过简化中心 O；这个力偶的力偶矩 M_O 称为力系简化中心 O 的**主矩**，等于力系中各力对简化中心之矩的代数和。

由于主矢等于各力的矢量和，所以它和简化中心的选择无关，而主矩等于各力对简化中心力矩的代数和，当取不同的点为简化中心时，各力的力臂将有所改变，各力对简化中心的矩也随之改变，所以在一般情况下主矩和简化中心的选择有关，**在提到主矩时必须指明是力系对哪一点的主矩**。

二、平面任意力系的平衡方程

平面任意力系向任一点简化时，得到两个基本力系——平面汇交力系和平面力偶系。这两个力系是不能相互平衡的，故要使任意力系平衡，就要使两个基本力系分别平衡。平面汇交力系平衡的充分必要条件是合力为零，相当于平面任意力系的主矢 F'_R 为零；平面力偶系平衡的充分必要条件是合力偶矩 M_O 为零，相当于平面任意力系对任一点 O 的主矩为零。因此平面任意力系平衡的充分必要条件是：力系的主矢和对任一点 O 的主矩分别等于零。即

$$F'_R = 0 \qquad \text{且} \qquad M_O = 0$$

以上平衡条件可以用解析式来表示，即平面任意力系平衡时，必须同时满足下列三个平衡方程：

$$\left.\begin{array}{l} \sum F_x = 0 \\ \sum F_y = 0 \\ \sum M_O(F) = 0 \end{array}\right\} \tag{2-12}$$

由此可得结论，**平面任意力系平衡的解析条件是：所有各力在两个任选坐标轴上投影的代数和分别为零，以及各力对于任一点的矩的代数和也为零**。式(2-12)包含三个独立方程，可以求解三个未知量。

式(2-12)称为平面任意力系的平衡方程且为基本形式，它有两个投影式和一个力矩式。平衡方程还可以表示为二力矩式和三力矩式。

（1）一个投影式和两个力矩式即**二力矩式**。方程式为

$$\left.\begin{array}{l}\sum F_x=0\\\sum M_A(\boldsymbol{F})=0\\\sum M_B(\boldsymbol{F})=0\end{array}\right\}\qquad(2\text{-}13)$$

其中，A、B 两点的连线 AB 不能与 x 轴垂直。

（2）三个都是力矩式即**三力矩式**。方程式为

$$\left.\begin{array}{l}\sum M_A(\boldsymbol{F})=0\\\sum M_B(\boldsymbol{F})=0\\\sum M_C(\boldsymbol{F})=0\end{array}\right\}\qquad(2\text{-}14)$$

其中，A、B、C 三点不能共线。

这两种平衡方程的证明从略。上述三组方程都可以用来解决平面任意力系的平衡问题。解题时究竟采用哪一组平衡方程，完全取决于计算是否简便。为简化计算，在建立投影方程时，坐标轴的选取应该与尽可能多的未知力垂直，以便这些未知力在此坐标轴上的投影为零，避免一个方程中含有多个未知量而需要解联立方程。在建立力矩方程时，尽量选取两个未知力的交点作为矩心，这样通过矩心的未知力就不会在此力矩方程中出现，以达到减少方程中未知量数的目的。

例 2-7　冲天炉的加料装置如图 2-19 所示，料斗车沿与水平成 $\theta=70°$ 的倾斜轨道匀速上升，已知料斗车和炉料共重 $G=9807\mathrm{N}$，重心在 C 点，$a=0.4\mathrm{m}$，$b=0.5\mathrm{m}$，$e=0.2\mathrm{m}$，$h=0.3\mathrm{m}$，试求钢索拉力和 A、B 轮对轨道的压力。

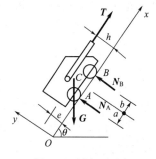

图 2-19　例 2-7 图

解　料斗车沿轨道作匀速直线运动，故处于平衡状态。取料斗车为研究对象，对料斗车进行受力分析，所受力有重力 $\boldsymbol{G}$，钢索拉力 $\boldsymbol{T}$，轨道给车轮 A 和 B 的约束反力 $\boldsymbol{N}_A$ 和 $\boldsymbol{N}_B$，车轮和轨道之间的摩擦力略去不计，受力图如图 2-19 所示，取 x 轴沿轨道方向，y 轴垂直于轨道。

根据平衡条件，列出平衡方程：

$$\sum F_x=0\qquad T-G\sin\theta=0\qquad\qquad(a)$$
$$\sum F_y=0\qquad N_A+N_B-G\cos\theta=0\qquad\qquad(b)$$
$$\sum M_A(\boldsymbol{F})=0\qquad N_B(a+b)-Th+G\sin\theta e-G\cos\theta a=0\qquad(c)$$

由式（a）

$$T=G\sin\theta=9807\times\sin70°=9216\mathrm{N}$$

将 T 值代入式（c）得

$$N_B=\frac{Th-G\sin\theta e+G\cos\theta a}{a+b}$$
$$=\frac{9216\times0.3-9807\times\sin70°\times0.2+9807\times\cos70°\times0.4}{0.4+0.5}=2515\mathrm{N}$$

再将 N_B 值代入式（b）得

$$N_A=G\cos\theta-N_B=9807\times\cos70°-2515=839\mathrm{N}$$

由作用反作用力定律可知，轨道给 A 轮和 B 轮的约束力的大小就等于 A 和 B 轮对轨道的压力，本题计算的结果如下。

钢索拉力：

$$T=9216\mathrm{N}$$

A 和 B 轮对轨道的压力：

$$N_A=839\text{N};\quad N_B=2515\text{N}$$

实际上 A 和 B 处左、右各有两轮，这里 N_A 和 N_B 分别是左右两轮的总压力。

例 2-8 如图 2-20(a) 所示，AB 梁一端砌在墙内，在自由端装有滑轮用以匀速吊起重物 D，设重物的重量为 G，AB 长为 b，斜绳与铅垂线成 α 角，求固定端的约束力。

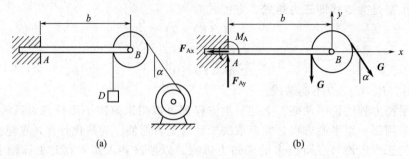

图 2-20　例 2-8 图

解

（1）研究 AB 杆（带滑轮），进行受力分析，画出受力图，A 端为固定端约束，由前面的知识可知，固定端的约束反力用两个正交分力和一附加力偶表示，如图 2-20(b) 所示。

（2）选坐标系 Bxy，列出平衡方程：

$$\sum F_x=0 \qquad -F_{Ax}+G\sin\alpha=0$$
$$F_{Ax}=G\sin\alpha$$
$$\sum F_y=0 \qquad F_{Ay}-G-G\cos\alpha=0$$
$$F_{Ay}=G(1+\cos\alpha)$$
$$\sum M_B(\boldsymbol{F})=0 \qquad M_A-F_{Ay}b+GR-GR=0$$
$$M_A=G(1+\cos\alpha)b$$

约束力的方向如图 2-20(b) 所示。

三、平面平行力系的平衡方程

各力作用线在同一平面内并相互平行的力系称为**平面平行力系**。例如，起重机、桥梁等结构上所受的力系为平面平行力系。平面平行力系是平面任意力系的一种特殊情况，当它平衡时，应满足平面任意力系的平衡方程。如选择 y 轴与力系中各力平行（图 2-21），则无论力系是否平衡，这些力在 x 轴上的投影恒为零，即 $\sum F_x\equiv0$，于是平面平行力系的独立平衡方程只有两个，即

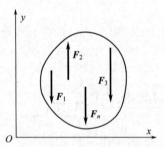

图 2-21　平面平行力系

$$\left.\begin{array}{l}\sum F_y=0\\[2mm]\sum M_O(\boldsymbol{F})=0\end{array}\right\} \tag{2-15}$$

平面平行力系的平衡方程还可以用二力矩式表示，即

$$\left.\begin{array}{l}\sum M_A(\boldsymbol{F})=0\\[2mm]\sum M_B(\boldsymbol{F})=0\end{array}\right\} \tag{2-16}$$

其中，两矩心 A、B 的连线不能与各力作用线平行。

例 2-9 一端固定的悬臂梁 AB 如图 2-22(a) 所示，梁上作用有均布载荷，载荷集度（梁的单位长度力的大小）为 q，在梁的自由端还受一集中力 P 和一力偶矩为 m 的力偶作用，梁的长度为 L，试求固定端 A 处的约束反力。

解 取悬臂梁 AB 为研究对象，进行受力分析。梁上所受的均布力在这里可以简化为一

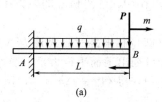 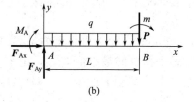

图 2-22 例 2-9 图

合力 F，作用在受力部分的中点，合力的大小等于载荷集度 q 乘以受载部分长度 L，同时还受到集中力 P、力偶 m 和固定端约束力 F_{Ax}、F_{Ay} 和 M_A 的作用，受力图如图 2-22(b) 所示，取坐标系如图示，列平衡方程：

$$\sum F_x=0 \qquad F_{Ax}=0 \tag{a}$$

$$\sum F_y=0 \qquad F_{Ay}-qL-P=0 \tag{b}$$

$$\sum M_A(F)=0 \qquad -M_A-qL\times\frac{1}{2}L-PL-m=0 \tag{c}$$

解得

$$F_{Ax}=0; \quad F_{Ay}=qL+P; \quad M_A(F)=-\left(\frac{1}{2}qL^2+PL+m\right)$$

例 2-10 水平梁 AB 受按三角形分布的载荷作用，如图 2-23 所示，载荷的最大值为 q，梁长为 l，试求合力作用线位置。

解 在梁上距 A 端为 x 处取长度 $\mathrm{d}x$，则在 $\mathrm{d}x$ 上作用力的大小为 $q'\mathrm{d}x$，其中 q' 为该处的载荷集度。由图 2-23 可知，$q'=xq/l$。因此载荷的合力大小为

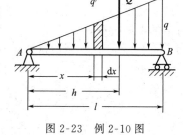

$$Q=\int_0^l q'\mathrm{d}x=\int_0^l \frac{x}{l}q\mathrm{d}x=\frac{1}{2}ql$$

设合力作用线距 A 点为 h，根据合力矩定理有

$$Qh=\int_0^l q'x\mathrm{d}x$$

图 2-23 例 2-10 图

将 q'、Q 值代入上式积分得

$$h=\frac{2}{3}l$$

例 2-11 图 2-24 所示为一塔式起重机，机身重 $G=220\mathrm{kN}$，作用线通过塔架的中心，已知最大起吊重量 $P=50\mathrm{kN}$，起重悬臂长 12m，轨道 AB 的间距为 4m，平衡重 Q 到机身中心线的距离为 6m，试求能保证起重机不会翻倒时平衡重 Q 的大小，及当 $Q=30\mathrm{kN}$ 而起重机满载时，轮子 A、B 对轨道的压力。

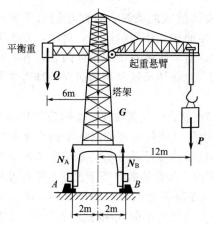

图 2-24 例 2-11 图

解 取塔式起重机整体为研究对象，起重机在起吊重物时，作用在它上面的力都可简化在起重机的对称面上，机身自重 G，平衡重 Q，起吊重量 P 以及轨道对轮子 A、B 的约束反力 N_A、N_B，所有这些力组成了平面平行力系（图 2-24）。

首先求起重机不会翻倒时平衡重 Q 的大小，要保证起重机不会翻倒，就要保证起重机在满载时不向载

荷一边翻倒，空载时不向平衡重一边翻倒，这就要求作用在起重机上的各力在以上两种情况下都能满足平衡方程。

满载时（$P=50kN$），起重机平衡的临界情况（即将翻未翻时）表现为 $N_A=0$，这时由平衡方程求出的是平衡重的最小值 Q_{min}，由图 2-24 可列出平面平行力系平衡方程：

$$\sum M_B(\mathbf{F})=0 \qquad 2G+Q_{min}(6+2)-P(12-2)=0$$

求得

$$Q_{min}=\frac{1}{8}(10P-2G)=\frac{1}{8}\times(10\times50-2\times220)=7.5kN$$

空载时（$P=0$）起重机平衡的临界情况表现为 $N_B=0$，这时由平衡方程求出的是平衡重的最大值 Q_{max}，列出平面平行力系平衡方程：

$$\sum M_A(\mathbf{F})=0 \qquad Q_{max}(6-2)-G\times2=0$$

求得

$$Q_{max}=\frac{1}{2}G=\frac{1}{2}\times220=110kN$$

上面的 Q_{min} 和 Q_{max} 是在满载和空载两种极限平衡状态下求得的，起重机实际工作时当然不允许处于这种危险状态，因此要保证起重机不会翻倒，平衡重 Q 的大小应在这两者之间，即

$$7.5kN<Q<110kN$$

再取 $Q=30kN$，求满载时的约束反力 N_A、N_B，正常工作时，起重机既没有向右也没有向左倾倒的可能，这时起重机在图 2-24 所示的各力作用下处于平衡状态。列出平面平行力系的平衡方程：

$$\sum M_A(\mathbf{F})=0 \qquad Q(6-2)-2G+4N_B-P(12+2)=0$$

可得

$$N_B=\frac{1}{4}(2G+14P-4Q)=\frac{1}{4}\times(2\times220+14\times50-4\times30)=255kN$$

$$\sum F_y=0 \qquad N_A+N_B-Q-G-P=0$$

可得

$$N_A=Q+G+P-N_B=30+220+50-255=45kN$$

第六节　物体系的平衡、静定和静不定问题

在工程实际中，需要研究的对象大多都是由几个物体组成的系统。研究它们的平衡问题，不仅要求出系统所受的未知外力，而且要求出它们之间相互作用的内力，这时，就要把某些物体分开来单独研究。另外，即使不要求求出内力，对于物体系统的平衡问题，有时也要把物体分开来研究，才能求出所有的未知外力。因此，对物体系统平衡的研究是静力学平衡方程极为重要的综合应用。

当物体系平衡时，组成该系统的每一个物体都处于平衡状态。这是解决这类问题的基本思路。设一物体系统由 n 个物体组成，每个受平面力系作用的物体最多可列出三个独立平衡方程，而整个系统共有 $3n$ 个独立平衡方程，如果系统中有的物体受平面平行力系或平面汇交力系作用时，则系统的平衡方程的数目相应减少。当系统中的未知量的数目等于独立的平衡方程的数目时可求解全部未知力，则该**系统是静定的**；否则就是**静不定的或称超静定的**。图 2-25(a)、(b)、(c) 所示都是静定的，因为未知量的数目与所列出的平衡方程的数目相等，而图 2-25(d)、(e)、(f) 所示都是静不定的，因为未知量的数目多于所列平衡方程的数目。

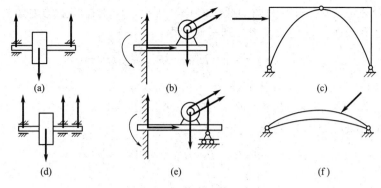

图 2-25 静定和静不定

静不定问题是材料力学、结构力学的研究范畴,这里就不再讨论。

求解静定的物体系统的平衡问题,其基本途径有两条。一条是先取整个系统为研究对象,列出平衡方程解出一些未知力,然后根据问题的要求,再选取系统中某些物体为研究对象,列出另外的平衡方程求解未知力。另一条途径是分别选取系统中每一个物体为研究对象,列出全部的平衡方程然后求解;并且需要注意在选择研究对象和列平衡方程时,应使每一个平衡方程中的未知量的数目尽可能少,最好是只含有一个未知量,以避免求解联立方程。进行受力分析时两个物体之间的相互作用力,要符合作用反作用定律。

例 2-12 三铰拱 AB 跨度为 $2l$,中间铰 C 比支座 A、B 高 L,在铰链 C 左右两边 $2l/3$ 和 $l/2$ 处有载荷 P_1、P_2 作用,如图 2-26(a),求支座 A、B 的反力和铰链 C 所受的力。

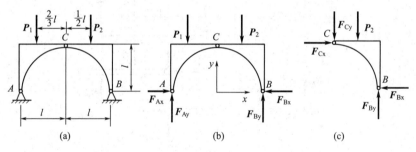

图 2-26 例 2-12 图

解 这是由两个物体所组成的系统的平衡问题。首先取整个系统为研究对象,整个系统的受力图如图 2-26(b) 所示,作用在系统上的力有外力 P_1、P_2 及支座 A、B 的反力,图中 4 个未知力中有 3 个力的作用线分别通过 A、B,因此选取 A、B 为矩心列出平衡方程最有利。取坐标系如图 2-26(b) 所示,列平衡方程:

$$\sum M_A(F) = 0 \qquad 2l F_{By} - \frac{1}{3}l P_1 - \frac{3}{2}l P_2 = 0 \qquad (a)$$

$$\sum M_B(F) = 0 \qquad \frac{5}{3}l P_1 + \frac{1}{2}l P_2 - 2l F_{Ay} = 0 \qquad (b)$$

$$\sum F_x = 0 \qquad F_{Ax} - F_{Bx} = 0 \qquad (c)$$

由式(a) 解得

$$F_{By} = \frac{1}{6}P_1 + \frac{3}{4}P_2$$

由式(b) 解得

$$F_{Ay} = \frac{5}{6}P_1 + \frac{1}{4}P_2$$

再取 BC 为研究对象，其受力图如图 2-26(c) 所示，作用在其上的力除外力 P_2 及支座 B 的反力外，还有铰链 C 的约束反力，列平衡方程：

$$\sum M_C(\boldsymbol{F})=0 \qquad lF_{By}-lF_{Bx}-\frac{1}{2}lP_2=0 \tag{d}$$

$$\sum F_x=0 \qquad F_{Cx}-F_{Bx}=0 \tag{e}$$

$$\sum F_y=0 \qquad F_{By}-F_{Cy}-P_2=0 \tag{f}$$

将 F_{By} 代入式(d)、式(f) 解得

$$F_{Bx}=\frac{1}{6}P_1+\frac{1}{4}P_2 ; \quad F_{Cy}=\frac{1}{6}P_1-\frac{1}{4}P_2$$

$$F_{Ax}=F_{Bx}=F_{Cx}=\frac{1}{6}P_1+\frac{1}{4}P_2$$

求铰链 C 的反力也可取 AC 为研究对象，其结果应和上面求得的大小相等，但方向相反。还应指出，再取 AC 为研究对象，虽然还可以列三个平衡方程，但这三个方程对以上六式来说不是独立的。

例 2-13 水平梁由 AC 和 BC 组成，C 为铰链连接，A 为固定端，B 为活动支座，梁所受载荷如图 2-27(a) 所示，已知 $Q=10kN$，$P=20kN$，均布载荷 $q=5kN/m$，求 A、B 和 C 处的约束反力。

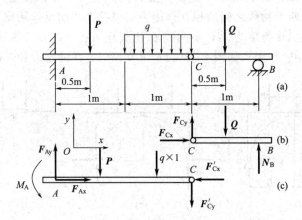

图 2-27 例 2-13 图

解 首先取 BC 为研究对象，受力图和坐标选取如图 2-27(b) 所示，它是一个平面任意力系，有三个平衡方程，可解 F_{Cx}、F_{Cy} 和 N_B 三个未知力。

$$\sum F_x=0 \qquad F_{Cx}=0$$

$$\sum F_y=0 \qquad F_{Cy}+N_B-Q=0$$

$$\sum M_C(\boldsymbol{F})=0 \qquad N_B\times 1-Q\times 0.5=0$$

由此解得

$$N_B=F_{Cy}=5kN$$

然后取 AC 为研究对象，受力图和坐标选取如图 2-27(c) 所示，作用在 AC 梁上的力系是平面任意力系，可列出三个平衡方程，求解 F_{Ax}、F_{Ay}、M_A 三个未知力，即

$$\sum F_x=0 \qquad F_{Ax}-F'_{Cx}=0$$

$$\sum F_y=0 \qquad F_{Ay}-P-q\times 1-F'_{Cy}=0$$

$$\sum M_A(\boldsymbol{F})=0 \qquad M_A-P\times 0.5-q\times 1\times 1.5-F'_{Cy}\times 2=0$$

由此解得

$$F_{Ax}=F_{Cx}=0; \quad F_{Ay}=30kN; \quad M_A=27.5kN \cdot m$$

第七节　平面简单桁架内力计算

桁架是一种由杆件彼此在两端用铰链连接而成的结构，它在受力后几何形状不变。广泛用于起重机、飞机、船舶、桥梁、建筑物等。它的优点是可以充分发挥材料的性能，减轻结构的重量，节约材料。

如桁架所有的杆件都在同一平面内，这种桁架称为平面桁架，连接桁架各杆件的铰链接头称为节点。

分析桁架就是要求出桁架的内力，作为设计的依据。为了简化它的计算，常作如下的假定：各杆件都是直杆；杆与杆的连接是光滑铰链；载荷都作用在节点上且在桁架平面内（均布载荷可平均分配在两端的节点上）；桁架各杆的重量略去不计或平均分配在杆的两端节点上。在这些假定下，各杆均视为二力杆。

下面介绍两种用解析法求简单静定桁架内力的方法：节点法和截面法。

一、节点法

桁架的每个节点都受一个平面汇交力系的作用。为了求每一个杆件的内力，可以逐个地取节点为研究对象，用已知力求出全部未知力（杆件的内力），这就是节点法。

例 2-14　试求图 2-28(a) 所示的平面桁架中各件的内力，已知 $F_1 = 40\text{kN}$，$F_2 = 10\text{kN}$。

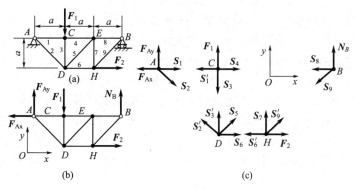

图 2-28　例 2-14 图

解　首先求桁架的支座反力。取桁架整体为研究对象，受力图如图 2-28(b) 所示，桁架上受平面任意力系作用，列出平衡方程：

$$\sum F_x = 0 \qquad F_2 - F_{Ax} = 0$$
$$\sum F_y = 0 \qquad F_{Ay} + N_B - F_1 = 0$$
$$\sum M_A(\boldsymbol{F}) = 0 \qquad 3aN_B + F_2a - F_1a = 0$$

解得

$$F_{Ax} = 10\text{kN}; \ F_{Ay} = 30\text{kN}; \ N_B = 10\text{kN}$$

再求各杆件内力时，假想将杆件截断，取出每个节点为研究对象，桁架的每个节点都在外载荷、支座反力和杆件内力作用下平衡，因此求桁架杆件的内力就是求解平面汇交力系的平衡问题。于是从只包含两个未知力的节点开始计算，解题时先假定各杆件都受拉力，结果为正值即为拉力，结果为负值即为压力。各节点受力图如图 2-28(c) 所示。

取节点 A 为研究对象，杆件 1、2 的内力 $\boldsymbol{S}_1$、$\boldsymbol{S}_2$ 为未知力，列出平衡方程：

$$\sum F_x = 0 \qquad F_{Ay} - S_2 \sin45° = 0$$
$$\sum F_y = 0 \qquad S_1 + S_2 \cos45° - F_{Ax} = 0$$

解得

$$S_1 = -20\text{kN}; \quad S_2 = 42.4\text{kN}$$

因假设各杆件都受拉力，但解出 S_1 为负值，S_2 为正值，故知杆 1 受压力，杆 2 受拉力。取节点 C 为研究对象，列出平衡方程：

$$\sum F_x = 0 \qquad S_4 - S_1' = 0$$
$$\sum F_y = 0 \qquad F_1 - S_3 = 0$$

解得

$$S_4 = S_1 = -20\text{kN}; \quad S_3 = -40\text{kN}$$

取节点 D 为研究对象，列出平衡方程：

$$\sum F_x = 0 \qquad S_6 + S_5 \cos 45° - S_2 \cos 45° = 0$$
$$\sum F_y = 0 \qquad S_3' + S_5 \sin 45° + S_2 \sin 45° = 0$$

解得

$$S_5 = 14.14\text{kN}; \quad S_6 = 20\text{kN}$$

取节点 H 为研究对象，列出平衡方程：

$$\sum F_x = 0 \qquad F_2 + S_9' \cos 45° - S_6' = 0$$
$$\sum F_y = 0 \qquad S_7 + S_9' \sin 45° = 0$$

解得

$$S_9' = 14.14\text{kN}; \quad S_7 = -10\text{kN}$$

最后取节点 B 为研究对象，这时只剩下杆 8 的内力 S_8 未知，列出平衡方程：

$$\sum F_x = 0 \qquad -S_8 - S_9 \cos 45° = 0$$

解得

$$S_8 = -10\text{kN}$$

另一个平衡方程 $\sum F_y = 0$ 用来核算所得结果。于是全部杆件的内力为

$$S_1 = S_4 = -20\text{kN（压力）} \qquad S_2 = 42.4\text{kN（拉力）}$$
$$S_3 = -40\text{kN（压力）} \qquad S_7 = S_8 = -10\text{kN（压力）}$$
$$S_6 = 20\text{kN（拉力）} \qquad S_5 = S_9 = 14.14\text{kN（拉力）}$$

二、截面法

如果只要求计算出平面桁架内某几个杆件的内力，可适当选取一截面，假想地将桁架截开，取其中的一部分为研究对象，该部分在外力和被截杆件的内力作用下保持平衡，故可利用平面任意力系平衡方程求出被截杆件的内力，这种方法称为截面法。

例 2-15　求图 2-29(a) 所示桁架中杆件 8、9、10 的内力，已知 $a = 12\text{m}$，$h = 10\text{m}$，$F = 50\text{kN}$。

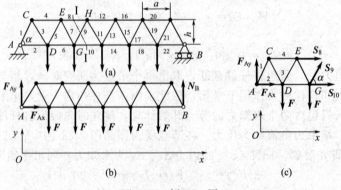

图 2-29　例 2-15 图

解　先求桁架的支座反力。

取桁架整体为研究对象，受力分析如图 2-29(b) 所示，列出平面任意力系平衡方程：

$$\sum F_x = 0 \qquad F_{Ax} = 0$$

$$\sum F_y = 0 \qquad F_{Ay} + N_B - 5F = 0$$

$$\sum M_A(\boldsymbol{F}) = 0 \qquad 6aN_B - F(a + 2a + 3a + 4a + 5a) = 0$$

解得

$$F_{Ax} = 0; \quad F_{Ay} = 125\text{kN}; \quad N_B = 125\text{kN}$$

再求杆件 8、9、10 的内力。

用截面Ⅰ—Ⅰ将 8、9、10 三杆截开，取桁架左半段为研究对象，受力图如图 3-12(c) 所示，列出平衡方程：

$$\sum M_G(\boldsymbol{F}) = 0 \qquad aF - 2aF_{Ay} - hS_8 = 0$$

$$\sum M_H(\boldsymbol{F}) = 0 \qquad F(1.5a + 0.5a) - 2.5aF_{Ay} + S_{10}h = 0$$

$$\sum F_y = 0 \qquad F_{Ay} - 2F + S_9\sin\alpha = 0$$

解得

$$S_8 = -240\text{kN}(压力); \quad S_9 = -30\text{kN}(压力); \quad S_{10} = 255\text{kN}(拉力)$$

若要求其它杆件的内力，可取另外截面求解，注意到平面任意力系只有三个独立平衡方程，因此用截面每次截取的内力未知的杆件不应超过三根。

小　　结

(1) 汇交力系合成的解析法，其理论基础为合力投影定理。必须注意，力在轴上的投影为一个代数量。平面汇交力系平衡方程数目是两个。为便于求解平衡方程，取投影轴时可令其与某一未知力垂直。

(2) 在平面上，力对点的矩可以用代数量表示。平面汇交力系的合力对平面内任一点之矩等于其各分力对该点之矩的代数和。

(3) 力偶是由等值、反向、平行的两个力组成的一种特殊力系。它的特点有两个：其一，力偶的两个力对平面任一点之矩为一常量，等于力偶矩；其二，力偶不能与一个力等效，也不可能被一个力所平衡。

(4) 力偶系可简化为一个合力偶。平面力偶由于可以用一个代数量描述，因此平面力偶系的平衡方程数目为一个。

(5) 力的平移定理。

(6) 平面任意力系的平衡方程及应用。

(7) 静力学问题的解题步骤：

① 选取研究对象。对于物体系统，所选的研究对象应包含已知量和待求量，并且物体系尽量少拆，一般先考虑以整体为研究对象，求出一些待求量，然后再拆开物体系，寻找新的研究对象。研究对象应包含较少的未知力，几何关系也较简单。

② 画出受力图。

③ 分析力系类型，列出相应的平衡方程。

④ 解方程。

思　考　题

2-1　设力 $\boldsymbol{F}$ 在坐标轴上的投影为 X 和 Y，力的作用线上任意点 A 的坐标为 (x, y)。证明：$m_O(\boldsymbol{F}) = xY - yX$。

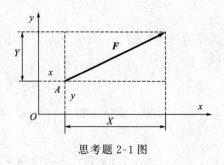

思考题 2-1 图

2-2　试计算下列各图中力 P 对 O 点的矩。

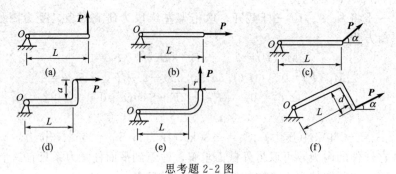

思考题 2-2 图

2-3　力偶不能用单独一个力来平衡，为什么图中的轮又能平衡呢？

2-4　四个力作用在同一物体的 A、B、C、D 四点（物体未画出），设 P_1 与 P_3、P_2 与 P_4 大小相等，方向相反，且作用线互相平行，由该四个力所作的力多边形封闭，试问物体是否平衡？为什么？

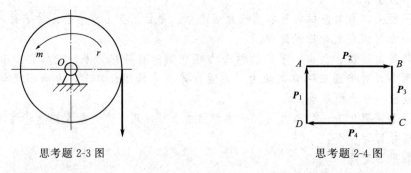

思考题 2-3 图　　　　　　　　　　　思考题 2-4 图

2-5　力偶中的两个力，作用与反作用的两个力，二力平衡条件中的两个力，三者间有什么相同点？有什么不同点？

2-6　试用力的平移定理，说明图示力 F 和力偶（F'，F''）对轮的作用是否相同？轮轴

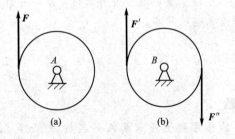

思考题 2-6 图

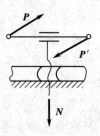

思考题 2-7 图

支承 A 和 B 的约束反力有何不同？设轮轴静止，$F'=F''=\dfrac{1}{2}F$，轮的半径为 r。

2-7　从力偶理论知道，力不能用以平衡力偶，但为什么螺旋压榨机（其主要部分如图示）上，力偶（P，P'）却似乎可以用被压榨物体的反力 N 来平衡呢？试说明其实质。

2-8　力系的合力与主矢有何区别？

2-9　力系平衡时合力为零，非平衡力系是否一定有合力？

2-10　主矩与力偶矩有何不同？

2-11　某平面力系向 A、B 两点简化的主矩皆为零，此力系简化的最终结果可能是一个力吗？可能是一个力偶吗？可能平衡吗？

习　　题

2-1　铆接薄钢板在孔心 A、B 和 C 处受三力作用如图示，已知 $P_1=100\mathrm{N}$ 沿铅垂方向，$P_2=50\mathrm{N}$ 沿 AB 方向，$P_3=50\mathrm{N}$ 沿水平方向，求该力系的合成结果（R 的大小及方向）。

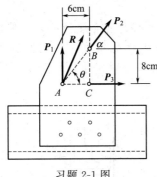

习题 2-1 图

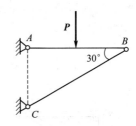

习题 2-2 图

2-2　电动机重 $P=1500\mathrm{N}$，放在水平梁 AB 的中间，梁 AB 长为 l，梁的 A 端以铰链固定，B 端用杆 BC 支持，BC 与梁的交角为 $30°$，如忽略梁和杆的重量，求杆 BC 的受力。

2-3　拔桩架如图示，在 D 点用力 F 向下拉，即有较 F 大若干倍的力将桩拔起。若 AB 及 BD 分别为铅直及水平方向，BC 及 DE 各与铅直及水平方向夹角 $\alpha=4°$，$F=400\mathrm{N}$，试求桩上所受的力。

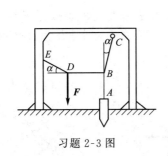

习题 2-3 图

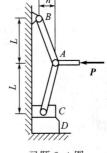

习题 2-4 图

2-4　压榨机由 AB、AC 杆及 C 块组成，尺寸如图示。B 点固定，且 $AB=AC$，由在 A 处的水平力 P 的作用使 C 块压紧物块 D，如不计压榨机本身的重量，各接触面视为光滑，试求物块 D 所受的压力 S。

2-5　水平力 F 作用在刚架的 B 点，如图示。如不计刚架重量，试求支座 A 和 D 处的约束力。

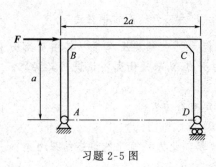

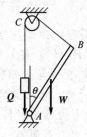

习题 2-5 图   习题 2-6 图

2-6 均质杆 AB 重为 W，长为 l，在 A 点用铰链支承，A、C 两点在同一铅垂线上，且 $AB=AC$，绳的一端在杆的 B 点，另一端经过滑轮 C 与重物 Q 相连，试求杆的平衡位置 θ。

2-7 铰接四连杆机构 O_2ABO_1，在图示位置平衡，已知 $O_2A=40\text{cm}$，$O_1B=60\text{cm}$，作用在 O_2A 上的力偶矩 $m_1=1\text{N·m}$，试求力偶矩 m_2 的大小及 AB 杆所受力 F，各杆重量不计。

2-8 锻锤在工作时，如果锤头所受工件的作用力有偏心，就会使锤头发生偏斜，这样在导轨上将产生很大的压力，会加速导轨的磨损，影响工件的精度，如已知打击力 $P=1000\text{kN}$，偏心矩 $e=20\text{mm}$，锤头高度 $h=200\text{mm}$，试求锤头给两侧导轨的压力。

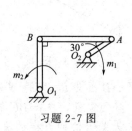

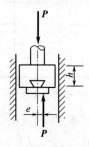

习题 2-7 图   习题 2-8 图

2-9 卷扬机结构如图示，重物放在小台车 C 上，小台车装有 A、B 轮，可沿垂直导轨 ED 上下运动，已知重物 $Q=2000\text{N}$，试求导轨加给 A、B 两轮的约束反力。

2-10 剪切钢筋的机构，由杠杆 AB 和杠杆 DEO 用连杆 CD 连接而成，如在 A 处作用一水平力 $P=10\text{kN}$，试求 E 处的臂力 Q 的大小?

2-11 曲柄 OA 长 $R=230\text{mm}$，当 $\alpha=20°$、$\beta=3.2°$ 时达到最大冲击压力 $P=2130\text{kN}$。因转速较低，故可近似地按静平衡问题计算。如略去摩擦，求在最大冲击压力的作用情况下，

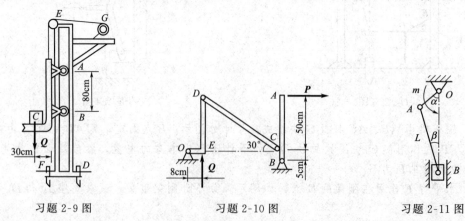

习题 2-9 图   习题 2-10 图   习题 2-11 图

导轨给滑块的侧压力和曲柄上所加的转矩 M，并求这时轴承 O 的反力。

2-12　已知梁 AB 上作用一力偶，力偶矩为 M，梁长为 l，梁重不计。求在图（a）、（b）、（c）三种情况下，支座 A 和 B 的约束力。

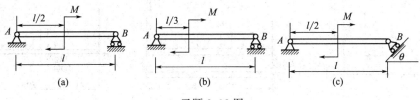

习题 2-12 图

2-13　桁架如图示，在 B 点作用一垂直于地面的力 $Q=10\mathrm{kN}$，求桁架各杆所受的力。杆的重量不计，各杆长均为 a。

2-14　如图示 A、B、C、D 作用四个力，经过 B、D 两点的绳子两端拉力方向相反，大小均为 400N，经过 A、C 两点的绳子拉力方向相反，大小均为 300N，已知两力偶位于同一平面内，试求该两力偶的合力偶矩的大小和转向。

2-15　三铰拱由两半拱和三个铰链 A、B、C 构成。已知每半拱重 $Q=300\mathrm{kN}$，$L=32\mathrm{m}$，$h=10\mathrm{m}$，求支座 A、B 的约束反力。

2-16　由 AC 和 CD 构成的组合梁通过铰链 C 连接，它的支承和受力如图示，已知均布载荷集度 $q=10\mathrm{kN/m}$，力偶矩 $m=40\mathrm{kN \cdot m}$，不计梁重，试求支座 A、B、D 的约束反力和铰链 C 处所受的力。

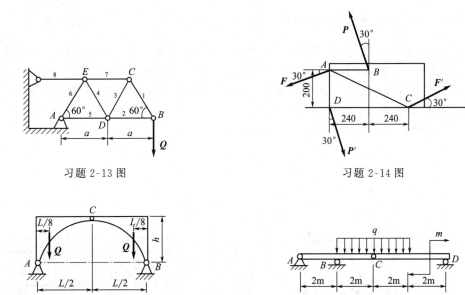

习题 2-13 图　　　　　　　　　　习题 2-14 图

习题 2-15 图　　　　　　　　　　习题 2-16 图

2-17　在图示刚架中，已知 $q=3\mathrm{kN/m}$，$F=6\sqrt{2}\mathrm{kN}$，$M=10\mathrm{kN \cdot m}$，不计自重，求固定端 A 处的约束反力。

2-18　支持窗外凉台的水平梁承受强度为 $q(\mathrm{N/m})$ 的均布载荷，在水平梁的外端从柱上传下载荷 P，柱的轴线到墙的距离为 l，求梁根部的支反力。

2-19　梁的支承和载荷如图示，$F=2\mathrm{kN}$，三角形分布载荷的最大值 $q=1\mathrm{kN/m}$，不计梁重，求支座反力。

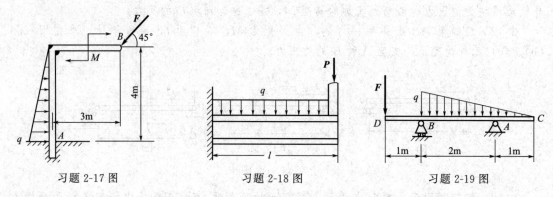

习题 2-17 图　　　　习题 2-18 图　　　　习题 2-19 图

2-20 在图示 (a)、(b)、(c)、(d) 各连续梁中，已知 q、M、a 及 α，不计梁自重，求各连续梁在 A、B、C 三处的约束反力。

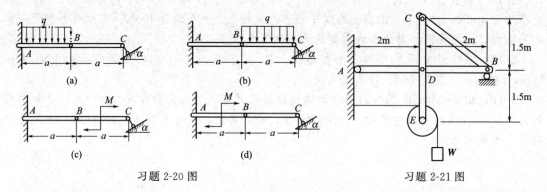

(a)　　　　　　　　(b)

(c)　　　　　　　　(d)

习题 2-20 图　　　　　　　习题 2-21 图

2-21 由杆 AB、BC 和 CE 组成的支架和滑轮 E 支持着物体。物体重 12kN。D 处为铰链连接，尺寸如图示。试求固定铰链支座 A 和滚动铰链支座 B 的约束力以及杆 BC 所受的力。

2-22 平面桁架的支座和载荷如图示。ABC 为等边三角形，E、F 为两腰中点，$AD=DB$，求杆 CD 的内力。

2-23 桁架受力如图示，已知 $F_1=10$kN，$F_2=F_3=20$kN，试求桁架 6、7、8 杆的内力。

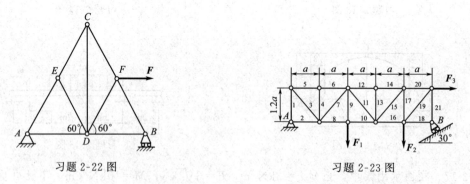

习题 2-22 图　　　　　　　习题 2-23 图

第三章

摩　擦

在前一章讨论物体平衡时，都假定物体间的接触面是绝对光滑的，也就是忽略了摩擦。这在一定条件下是允许的。但是，摩擦现象在自然界是普遍存在的。一方面人们利用它为生产生活服务，如人们行走、车辆行驶和摩擦传动、制动等，都需要摩擦力。另一方面摩擦又带来消极作用，如消耗能量、磨损零件、缩短机器寿命、降低仪表的精度等。因此，就需要认识和掌握摩擦的规律。

接触物体之间可能会相对滑动或相对滚动，摩擦可分为滑动摩擦和滚动摩擦；根据物体之间是否有良好的润滑剂，滑动摩擦又可分为干摩擦和湿摩擦。本章将介绍滑动摩擦的概念和考虑摩擦的平衡问题及摩擦角和自锁现象。

第一节　滑动摩擦

当两物体的接触表面有相对滑动或滑动趋势时，在接触面所产生的切向阻力，称为**滑动摩擦力**，简称**摩擦力**。摩擦力作用于相互接触处，其方向与相对滑动或滑动趋势的方向相反，它的大小主要根据主动力作用的不同，分为三种情况，即静滑动摩擦力、最大静滑动摩擦力和动滑动摩擦力。

一、静滑动摩擦力

静滑动摩擦力的大小、方向与作用在物体上的主动力有关，是约束反力。因此，在静力学问题中，可以由平衡方程求出。这是静摩擦力与一般约束反力的共同点。

如图 3-1 所示，重为 P 的物体放在固定水平面上，其上系一软绳，绳的拉力大小可以变化，当拉力由零逐渐增加，但不很大时，物体仍保持静止。可见，支承面对物体除有法向反力 N 外，还有一个阻碍物体沿水平面向右滑动的切向力，此力即**静滑动摩擦力**，简称**静摩擦力**，用 F_f 表示。可见，拉

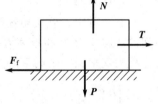

图 3-1　静摩擦力

力 T、重力 P、法向反力 N 和静摩擦力 F_f 构成一平衡力系，静摩擦力的大小可由平衡条件确定。由平衡方程得

$$\sum F_x = 0 \qquad F_f = T$$

静摩擦力 F_f 的方向与 T 的方向相反，其大小随 T 增加而增加。当 $T=0$ 时，F_f 也为零。

二、最大静滑动摩擦力

静摩擦力与一般约束反力有一不同之处，它并不随力 T 的增加而无限度地增大，当拉力的大小达到一定的数值时，物体处于将要滑动而没有滑动的临界状态，静摩擦力达到最大值，即**最大静滑动摩擦力**，简称**最大静摩擦力**，用 F_{max} 表示。此后，如果 T 再继续增大，静摩擦力也不能随之增大，物体将失去平衡而滑动。可见静摩擦力的大小随主动力的情况而改变，但介于零与最大值之间，即

$$0 \leqslant F_f \leqslant F_{max} \qquad (3-1)$$

由上述可知：平衡方程计算出的 F_f 若小于 F_{max}，则平衡成立，静摩擦力就是由平衡方程计算的结果；如果 F_f 大于 F_{max}，则物体不平衡，平衡方程不成立；若物体处于将要滑动而未滑动的临界状态，这时静摩擦力就等于 F_{max}。

大量试验证明：最大静摩擦力的方向与相对滑动趋势的方向相反，其大小与两物体间的正压力（即法向反力）成正比，即

$$F_{max} = \mu_s N \qquad (3-2)$$

式(3-2) 称为**静摩擦定律**，又称**库仑摩擦定律**。μ_s 称为**静滑动摩擦因数**，简称**静摩擦因数**，它是无量纲数。它的大小与两接触面的材料及表面情况（粗糙度、干湿度、温度等）有关，而与接触面积的大小无关。

三、动滑动摩擦力

当滑动摩擦力达到最大值时，若主动力再继续加大，物体滑动。此时接触物体之间仍作用有阻碍相对滑动的力，称为**动滑动摩擦力**，简称**动摩擦力**，以 F_f' 表示。

由实践和试验结果，得出动滑动摩擦的基本定律：动摩擦力的大小与接触面间的正压力成正比，即

$$F_f' = \mu N \qquad (3-3)$$

式中，μ 是**动滑动摩擦因数**，简称**动摩擦因数**，也是无量纲数，它的大小也与两接触面的材料及表面情况（粗糙度、干湿度、温度等）有关。动摩擦因数 μ 一般小于静摩擦因数 μ_s，而且还与接触物体相对滑动的速度大小有关。多数情况下，动摩擦因数随相对滑动的速度增大而稍有减小，但在速度不大时，可以忽略速度对滑动摩擦因数的影响，而近似的认为滑动摩擦因数是个常数。在精度要求不高时，可近似认为 $\mu = \mu_s$。

第二节　摩擦角与自锁

一、摩擦角

设有一重物，放在粗糙的水平面上，受力作用而处于静止状态（图 3-2），两物体接触面间的法向反力 N 和摩擦力 F_f（切向反力）可合成为一个反力 F_R，即 $F_R = N + F_f$，这个反力称为支承面的全约束反力（简称全反力），它的作用线与接触面的法线成一偏角 φ，当

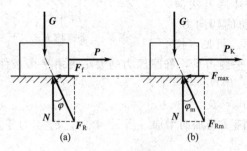

图 3-2　摩擦角

F_f 达到最大值 F_{max} 时，φ 也达到最大值 φ_m，全反力与法线夹角的最大值 φ_m 称为**摩擦角**。它表示物体处于静止时全约束反力作用线位置所在的范围。由图 3-2(b) 可得摩擦角与摩擦因数的关系为

$$\tan \varphi_m = \frac{F_{max}}{N} = \frac{\mu_s N}{N} = \mu_s \qquad (3-4)$$

即摩擦角的正切等于静摩擦因数。可见，摩擦角与静摩擦因数都是表示物体间滑动摩擦性质的物理量。也正是因为摩擦角对应于物体的临界平衡状态，并代表了物体由静止变为运动这一过程的转折点，所以在考虑摩擦时的平衡问题时，它与最大静摩擦力有着同样重要的意义。由静摩擦力的性质（$0 \leqslant F_f \leqslant F_{max}$）可知全反力与法线间的夹角 φ 应满足 $0 \leqslant \varphi \leqslant \varphi_m$。

二、自锁现象和自锁条件

如果作用于物体的全部主动力的合力作用线不超出摩擦角，则无论这个力怎样大，物体必保持静止，这种现象称为**自锁现象**。据此可推得斜面的自锁条件，即物体在铅直载荷的作用下，不沿斜面下滑的条件。

由上述可知，自锁现象只与摩擦角 φ_m 有关，而与物体的重量无关。要使物体在斜面上不下滑，则作用在其上的主动力与斜面的全反力必满足二力平衡条件。因此，载荷 G 的作用线与斜面法线之间的夹角 α 必小于或等于摩擦角 φ_m。又由于夹角与斜面倾角相等，因此当斜面倾角满足 $\alpha \leqslant \varphi_m$ 或者说主动力合力的作用线在摩擦角 φ_m 之内发生自锁，反之不自锁，即当 $\alpha < \varphi_m$ 时，物体静止平衡、自锁；当 $\alpha = \varphi_m$ 时，物体处于临界平衡状态，此时 $F = F_{max}$；当 $\alpha > \varphi_m$ 时，物体滑动、不自锁。

所以斜面自锁的条件是 $\alpha \leqslant \varphi_m$，而与物体重量无关，如图 3-3(b)、(c) 所示。

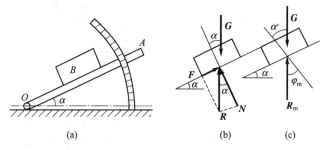

图 3-3 自锁

自锁现象在工程实际中有很重要的应用，如攀登电线杆所用的套钩，就是根据自锁概念确定了电工作业者在攀登电线杆时安全工作的范围；又如螺旋千斤顶顶起重物，也是借用自锁以使重物不致因重力作用而下落；但有些情况需要尽量避免自锁现象的发生，如凸轮机构的从动杆、闸门的启闭、摇臂钻床的摇臂应能升降自如等。

利用摩擦角的概念，可用简单的试验方法，测定摩擦因数。如图 3-3(a) 所示，把要测定的两种材料分别做成物块和斜面，将物块放在斜面上，逐渐增加斜面的倾角 α，当物块将要下滑而未下滑时的倾角就是所要求的摩擦角 φ_m，则 $\mu_s = \tan \varphi_m$。

第三节 考虑摩擦时物体的平衡问题

考虑摩擦时物体平衡问题的解法与前一章的方法相同，而不同的是，在对物体进行受力分析时，要考虑静摩擦力的特点，它的方向总是沿接触处的切线与相对滑动或相对滑动趋势的方向相反，其大小有一个范围，当静摩擦力 F_f 小于最大静摩擦力 F_{max} 时，静摩擦力不是一个确定的值，而在物体处于临界平衡状态时，静摩擦力达到最大静摩擦力，即有 $F_{max} = \mu_s N$ 作为补充方程，补充方程的数目与静摩擦力的数目相同，最后通过补充方程和平衡方程就能求解考虑摩擦时物体的平衡问题，工程上有不少平衡问题都是在物体的临界平衡状态下进行分析、计算的。

例 3-1 物体重为 P，放在倾角为 α 的斜面上，它与斜面间的静摩擦因数为 μ_s，如图 3-4 所示。当物体处于平衡时，试求水平力 Q 的大小。

解 由经验知，力 Q 太大，物块将上滑；力 Q 太小，物体将下滑；因此力 Q 的数值必在一定范围内。

先求 Q 的最大值，此时物体处于向上滑动的临界状态。摩擦力沿斜面向下，并达到极限值。物体在 P、N、F_{max} 和 Q_{max} 四个力作用下平衡，如图 3-4（a）所示。列平衡方程：

$$\sum F_x = 0 \qquad Q_{max}\cos\alpha - P\sin\alpha - F_{max} = 0 \qquad\qquad\text{(a)}$$

$$\sum F_y = 0 \qquad N - Q_{max}\sin\alpha - P\cos\alpha = 0 \qquad\qquad\text{(b)}$$

另外还有一个补充方程：

$$F_{max} = \mu_s N \qquad\qquad\text{(c)}$$

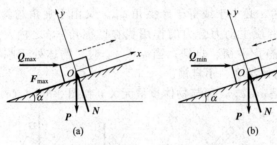

图 3-4 例 3-1 图

联立以上三式，可解得

$$Q_{max} = \frac{P(\tan\alpha + \mu_s)}{1 - \mu_s\tan\alpha}$$

再求 Q 的最小值，此时物体处于将要向下滑动的临界状态。摩擦力沿斜面向上，并达到极限值，用 F'_{max} 表示。物体受力如图 3-4（b）所示。列平衡方程：

$$\sum F_x = 0 \qquad Q_{min}\cos\alpha - P\sin\alpha + F'_{max} = 0 \qquad\qquad\text{(d)}$$

$$\sum F_y = 0 \qquad N - Q_{min}\sin\alpha - P\cos\alpha = 0 \qquad\qquad\text{(e)}$$

此外再列一个补充方程：

$$F'_{max} = \mu_s N \qquad\qquad\text{(f)}$$

联立以上三式可解得

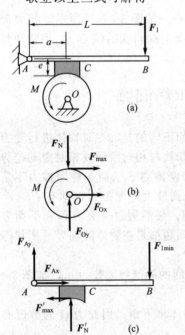

图 3-5 例 3-2 图

$$Q_{min} = \frac{P(\tan\alpha - \mu_s)}{1 + \mu_s\tan\alpha}$$

综上所述，可得物体平衡时 Q 的大小范围为

$$\frac{P(\tan\alpha - \mu_s)}{1 + \mu_s\tan\alpha} \leqslant Q \leqslant \frac{P(\tan\alpha + \mu_s)}{1 - \mu_s\tan\alpha}$$

例 3-2 某刹车装置如图 3-5（a）所示。作用在半径为 r 的制动轮 O 上的力偶矩为 M，摩擦面到刹车手柄中心线间的距离为 e，摩擦块 C 与轮子接触表面间的摩擦因数为 μ，求制动所必需的最小作用力 F_{1min}。

解 要求 F_1 最小而制动，摩擦力应达到最大，讨论摩擦力达到最大值 F_{max} 时的临界状态。

（1）取轮 O 为研究对象，画受力图。摩擦力沿接触面切向且阻止轮 O 逆时针转动，故其指向应与轮 O 欲滑动的方向相反，如图 3-7（b）所示。

在临界状态下，有平衡方程：

$$\sum M_O = 0 \qquad M - F_{max}r = 0 \qquad\qquad\text{(a)}$$

（2）再研究制动杆的平衡，受力如图 3-5（c）所示。

注意 F_N、F'_N 和 F_{max}、F'_{max} 间的作用力与反作用力关

系，有平衡方程：

$$\sum M_A = 0 \qquad F'_N a - F'_{max} e - F_{1min} L = 0 \qquad\qquad (b)$$

摩擦补充方程：

$$F'_{max} = \mu F_N \qquad\qquad (c)$$

由式（a）、式（c）可得到

$$F_N = \frac{F_{max}}{\mu} = \frac{M}{r\mu}$$

再代入式（b），即可求得

$$F_{1min} = \frac{M(a - e\mu)}{r\mu L}$$

故制动的要求是

$$F_1 \geqslant F_{1min} = \frac{M(a - e\mu)}{r\mu L}$$

可见，杆越长，轮直径越大，摩擦因数越大，刹车越省力。

注意，由上述两个研究对象的受力图还可各列出两个独立平衡方程，由这些平衡方程可以求出 O、A 两铰链处的约束力 F_{Ox}、F_{Oy} 和 F_{Ax}、F_{Ay}。

第四节　滚动摩阻

当一个物体在另一个物体表面上滚动或有滚动趋势时所受到的阻碍称为滚动摩阻。阻碍轮子滚动的力偶矩称为滚动阻力偶矩。

设在水平面上有一轮子［图 3-6(a)］，重为 G，半径为 r，在轮心 O 加一水平力 P。假定在接触处有足够的摩擦力 F，阻止轮子向前平行滑动。当轮子与平面都是刚体，两者接触于 A 点（实际为一线），这时重力 G 与法向反力 N 都通过 A 点，且等值反向共线，二力互成平衡（$N = G$）。又由轮子不滑动的条件可知 $F = P$，则 P 与 F 组成一力偶。不管 P 的值多么小，都将使滚子滚动或产生滚动趋势，但实际上此时并不能使轮子发生滚动。因为滚子在其重力的作用下，滚子与地面都会产生变形。由于它们的变形，其上的约束力分布在接触的曲面上，如图 3-6(b) 所示，形成一平面任意力系。将这些任意分布力向点 B 简化，即可得到一个力和一个力偶，如图 3-6(c) 所示。由于接触面对轮子的约束反力是分布力，实际中其分布力的合力 R 的作用线偏于轮子前方。将这个力进行分解，则水平分力为滑动摩擦力 F，铅垂分力为法向反力 N。可见 N 向轮子前方偏移了一小段距离 e，使 N 与 G 组成一个力偶，其转向与力偶（P，F）相反，如图 3-6(d) 所示。

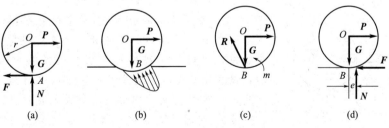

图 3-6　滚动摩擦

当水平力 P 从零逐渐增大，法向反力 N 向右偏移到它的最大值（即由 e 到 $e_{max} = \delta$），达到轮子将要滚动而没有滚动的临界状态，由平衡方程可知：

$$\sum F_x = 0 \qquad P - F = 0 \qquad\qquad (a)$$

$$\sum F_y = 0 \qquad N - G = 0 \qquad \text{(b)}$$
$$\sum M_O = 0 \qquad N\delta - Fr = 0 \qquad \text{(c)}$$

可见力偶（P，F）使轮子向右滚动，力偶（G，N）阻止轮子滚动，其最大力偶矩为 $m_{max} = \delta N$，称为**滚动摩擦阻力偶矩**。这就是库仑滚动摩擦定律。其中，比例常数 δ 称为**滚动摩擦因数**，简称**滚阻因数**，滚阻因数单位为 cm 或 mm。

δ 与材料的硬度、法向反力、轮子的半径有关，其值可由试验测定。

小 结

本章主要讲授摩擦力的三种不同状态（静止、临界和运动）时的性质、摩擦定律及其应用，并讲述了摩擦角与自锁的概念。

考虑摩擦时物体平衡问题的解法，与一般平衡问题解法基本相同，仍然是先选取研究对象，画出其受力图，然后用平衡条件求解。考虑摩擦时有以下特点。

（1）在分析物体受力情况时，必须考虑摩擦力，摩擦力的方向与物体相对滑动方向或滑动趋势方向相反。两个物体之间的摩擦力，互为作用力与反作用力，动摩擦的方向与物体运动速度方向相反。

（2）求解有摩擦的平衡问题时，除列出平衡方程外，还要写出补充方程 $F_{max} = \mu_s N$。

（3）由于物体平衡时，$0 \leqslant F_f \leqslant F_{max}$，因此在考虑摩擦时，物体有一个平衡范围。解题时必须分析清楚。

思 考 题

3-1 滑动摩擦力（含静摩擦力和动摩擦力）的方向如何确定？试分析卡车在开动及刹车时，置于卡车上的重物所受到的摩擦力的方向。

3-2 一般卡车的后轮是主动轮，前轮是从动轮。试分析作用在卡车前、后轮上摩擦力的方向。

3-3 静摩擦力等于法向反力与静摩擦因数的乘积，对否？置于非光滑斜面上，处于静止状态的物块，受到静摩擦力的大小等于非光滑面对物块的法向反力的大小与静摩擦因数的乘积，对否？

3-4 静摩擦因数和摩擦角有何关系？

3-5 螺旋的自锁条件是什么？

习 题

3-1 机床上为了能迅速装卸，常采用图示的偏心轮夹具。已知偏心轮直径为 d，此轮与台面间的摩擦因数为 μ，欲使偏心轮手柄上的外力除去后不会自动松退，偏心距 e 应为多大？

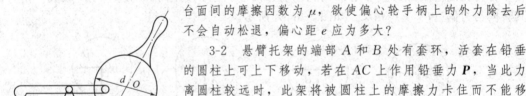

习题 3-1 图

3-2 悬臂托架的端部 A 和 B 处有套环，活套在铅垂的圆柱上可上下移动，若在 AC 上作用铅垂力 P，当此力离圆柱较远时，此架将被圆柱上的摩擦力卡住而不能移动，设套环与圆柱间的摩擦角皆为 φ_m，不计架重，求此架不致卡住时 P 离圆柱中心线的最大距离 x_{max}。

3-3 在图示夹具中，楔块 A 与其它构件间的摩擦因数为 0.2，楔角 $\alpha = 6°$，尺寸 $a = 2b$，求螺旋推力 P 与工件 B 的夹紧力 Q 间的关系。

3-4 图示为某汽车中摩擦离合器简图。已知摩擦片 2 与两个小侧盘 1、3 间的摩擦因数为 0.25，摩擦片 2 的平均直径为 0.2m，若传递的转矩 $M = 368N \cdot m$，摩擦片与两侧盘间的正压力 P 的最小值应为多大？

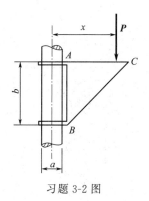

习题 3-2 图

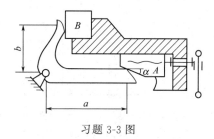

习题 3-3 图

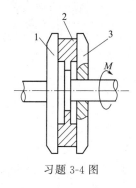

习题 3-4 图

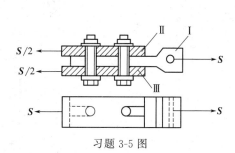

习题 3-5 图

3-5 农机中常用的摩擦安全连接器如图所示，它可以在犁或其它农具作业中遇到障碍物时，当安全连接器的受力超过板Ⅰ与Ⅱ间的最大摩擦力而使农具与拖拉机自动脱开，从而保护农具免遭破坏。设连接器的两螺栓拧紧后每根拧紧螺栓承受 $Q=5kN$ 的力，各接触面间的摩擦因数均为 0.3。求此安全连接器所能承受的最大拉力 S_{max}。

3-6 图示流水线中输送工件的滑道，为减少建成流水线的工作量，要求高度差 H 尽量小，设工件与滑道间的摩擦因数为 0.3，$L=2m$，H 不能低于何值？

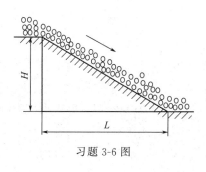

习题 3-6 图

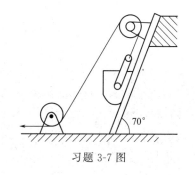

习题 3-7 图

3-7 简易升降混凝土吊筒装置如图所示，混凝土和吊筒共重 25kN，吊筒与滑道间的摩擦因数为 0.3，试分别求出重物匀速上升和下降时绳子的张力。

3-8 欲转动一置于 V 形槽中的棒料，如图所示，需作用一力偶矩 $m=1500N\cdot cm$ 的力偶，已知棒料重 $G=400N$，直径 $D=25cm$，试求棒料与 V 形槽间的摩擦因数。

3-9 起重绞车的制动器由带制动块的手柄和制动轮组成。已知制动轮半径 $R=50cm$，鼓轮半径 $r=30cm$，制动轮和制动块间的摩擦因数为 0.4，提升的重量 $G=1000N$，手柄长 $L=300cm$，$a=60cm$，$b=10cm$。不计手柄和制动轮的重量，试求能制动所需 P 力的最小值。

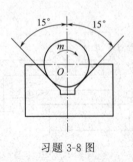

习题 3-8 图

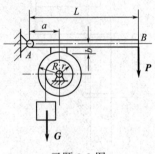

习题 3-9 图

3-10 修理电线工人攀登电线杆所用脚上套钩如图所示。已知电线杆直径 $d = 30$cm，套钩尺寸 $b = 10$cm，套钩与电线杆间滑动摩擦因数为 0.3，其重量略，试求脚踏处与电线杆轴线间的距离 a 多大时能保证工人安全操作。

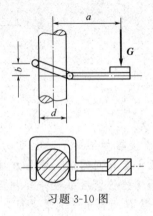

习题 3-10 图

第四章

空间任意力系和重心

本章将介绍力在空间直角坐标轴上的投影、力对轴的矩、空间任意力系的简化与平衡，以及物体重心的概念和求物体中心的方法。

第一节　力在空间直角坐标轴上的投影

在空间直角坐标系 $Oxyz$ 中，若作用于 O 点的力 F 与三轴 x、y、z 正向的夹角分别为 α、β、γ，如图 4-1 所示，则力 F 在三轴上的投影等于力 F 的大小乘以力与各轴夹角的余弦，即

$$\left.\begin{aligned} F_x &= F\cos\alpha \\ F_y &= F\cos\beta \\ F_z &= F\cos\gamma \end{aligned}\right\} \tag{4-1}$$

力的这种投影方法称为**直接投影法**。当力 F 与 x、y 轴之间的夹角不易确定时，可采用**间接投影法**来计算，即由力 F 的起点和终点分别向坐标平面 Oxy 作垂线，其垂足间所夹的有向线段 F_{xy} 就是力 F 在平面 Oxy 上的投影，如图 4-1 所示。若已知角 γ 和 φ，就可以把 F_{xy} 再投影到 x、y 轴上。于是，力 F 在三个坐标轴上的投影即表示为

$$\left.\begin{aligned} F_x &= F\sin\gamma\cos\varphi \\ F_y &= F\sin\gamma\sin\varphi \\ F_z &= F\cos\gamma \end{aligned}\right\} \tag{4-2}$$

在实际问题中，究竟采用哪种投影法视已知条件而定。

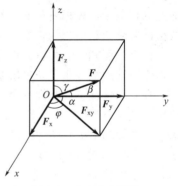

图 4-1　力在空间直角坐标轴上的投影

这里，可以将力 F 沿空间直角坐标轴 x、y、z 分解为三个分力 F_x、F_y、F_z，分力与合力的矢量关系可表示为

$$F = F_x + F_y + F_z$$

需注意，力 F 沿三个坐标轴正交分解后的分力 F_x、F_y、F_z 为矢量，而力 F 在三个坐标轴上的投影 F_x、F_y、F_z 是代数量，虽然两者的大小相等，但不要将两者混淆。如果已知力 F 在三个坐标轴上的投影 F_x、F_y、F_z，那么力 F 的大小和方向余弦即为

$$\left.\begin{aligned} F &= \sqrt{F_x^2 + F_y^2 + F_z^2} \\ \cos\alpha &= \frac{F_x}{F} \\ \cos\beta &= \frac{F_y}{F} \\ \cos\gamma &= \frac{F_z}{F} \end{aligned}\right\} \tag{4-3}$$

第二节　力对轴的矩

在生活中和工程实际中经常遇到力使刚体绕定轴转动的情况，如用柱铰链安装的门窗、带有轴承的车轮和各种旋转机械等。为了度量力对绕定轴转动刚体的作用效果，必须引入力对轴的矩的概念。

如图 4-2 所示，在门上 A 点作用一力 $\boldsymbol{F}$，此力使其绕固定轴 z 转动，现将力 $\boldsymbol{F}$ 分解为两个互相垂直的分力 $\boldsymbol{F}_z$ 和 $\boldsymbol{F}_{xy}$，其中 $\boldsymbol{F}_z$ 平行于 z 轴，$\boldsymbol{F}_{xy}$ 在垂直于 z 轴并通过 $\boldsymbol{F}$ 的始点 A 的平面（分力 $\boldsymbol{F}_{xy}$ 的大小等于 $\boldsymbol{F}$ 在垂直于 z 轴的 Oxy 平面上的投影），由经验可知，分力 $\boldsymbol{F}_z$ 不能使绕 z 轴转动，只有分力 $\boldsymbol{F}_{xy}$ 才能使门绕 z 轴转动。这个转动效应可用分力 $\boldsymbol{F}_{xy}$ 对该轴与此平面交点的矩并赋予正负号表示，即定义为**力对轴的矩**，写为

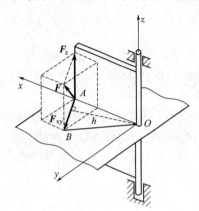

$$M_z(\boldsymbol{F}) = M_O(\boldsymbol{F}_{xy}) = \pm F_{xy}h \qquad (4-4)$$

于是，可得力对轴之矩定义如下：**力对轴的矩是力使刚体绕该轴转动效果的量度，它是一个代数量，其绝对值等于此力在垂直于该轴的平面上的投影对于平面与该轴的交点的矩。**

图 4-2　力对轴的矩

正负号的确定，从 z 轴的正端向负端看去，若力的这个投影使物体绕该轴按逆时针转向转动，则取正号；反之取负号。也可以按右手螺旋定则来确定其正负号，即把右手四指按力使刚体绕轴的转向卷曲起来而把轴握于手心中，若大拇指的指向与轴的正向相同则取正号；反之取负号。

由上述可知，当力沿其作用线滑动时，不改变力对轴的矩，当力与轴相交或力与轴平行时，力对轴的矩等于零，也就是说当力与轴共面时，力对轴的矩等于零。

在一般情况下，空间一个力对三个坐标轴都可计算力对轴的矩，这时采用力对轴的矩的解析表达式较为简便。设力 $\boldsymbol{F}$ 的作用点 A 在直角坐标系 $Oxyz$ 中的坐标为 $(x,\ y,\ z)$ 如图 4-3 所示，力 $\boldsymbol{F}$ 沿三个坐标轴分解的分力为 $\boldsymbol{F}_x$、$\boldsymbol{F}_y$、$\boldsymbol{F}_z$。如计算力 $\boldsymbol{F}$ 对 z 轴的矩，按二次投影法，先将力 $\boldsymbol{F}$ 投影到平面 Oxy 上，得到 $\boldsymbol{F}_{xy}$，再向 x、y 轴投影，得到 $\boldsymbol{F}_x$、$\boldsymbol{F}_y$，利用合力矩定理，得

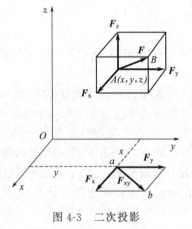

$$M_z(\boldsymbol{F}) = M_O(\boldsymbol{F}_{xy}) = M_O(\boldsymbol{F}_x) + M_O(\boldsymbol{F}_y) = xF_y - yF_x$$

同理，也可得力 $\boldsymbol{F}$ 对 x、y 轴的矩，最后将力 $\boldsymbol{F}$ 对三个坐标轴 x、y、z 的矩的计算式合并写出，即为

$$\left.\begin{array}{l} M_x(\boldsymbol{F}) = yF_z - zF_y \\ M_y(\boldsymbol{F}) = zF_x - xF_z \\ M_z(\boldsymbol{F}) = xF_y - yF_x \end{array}\right\} \qquad (4-5)$$

图 4-3　二次投影

式 (4-5) 就是计算力对轴的矩的解析表达式。在推导以上公式时，为了方便起见，把 $\boldsymbol{F}$ 的作用点的坐标和投影都取了正值。若力 $\boldsymbol{F}$ 的作用点的坐标或投影为负值，则应以负值代入以上公式，公式仍然成立，就是说，式 (4-5) 右端各量均为代数量。

例 4-1　试计算图 4-4 中各力对三个坐标轴的矩。已知正立方体的边长为 a。

解

（1）计算 $\boldsymbol{F}_1$ 对各轴分力的大小：

$F_{1x}=F_1\sin45°；F_{1y}=-F_1\cos45°；F_{1z}=0$

再计算 $\boldsymbol{F}_1$ 对各轴之矩：

$M_x(\boldsymbol{F}_1)=F_{1y}a=-F_1\cos45°a=-0.707F_1a$

$M_y(\boldsymbol{F}_1)=F_{1x}a=F_1\sin45°a=0.707F_1a$

$M_z(\boldsymbol{F}_1)=-F_{1x}a=-F_1\sin45°a=-0.707F_1a$

（2）计算 $\boldsymbol{F}_2$ 对各轴分力的大小：

$F_{2x}=-F_2\cos45°；F_{2y}=0；F_{2z}=F_2\sin45°$

再计算 $\boldsymbol{F}_2$ 对各轴之矩：

$M_x(\boldsymbol{F}_2)=F_{2z}a=F_2\sin45°a=0.707F_2a$

$M_y(\boldsymbol{F}_2)=-F_{2z}a=-F_2\sin45°a=-0.707F_2a$

$M_z(\boldsymbol{F}_2)=F_{2x}a=-F_2\cos45°a=-0.707F_2a$

（3）计算 $\boldsymbol{F}_3$ 对各轴分力的大小：

$$\alpha=35.26°$$

$$F_{3x}=-F_3\cos\alpha\sin45°=-0.577F_3$$

$$F_{3y}=-F_3\cos\alpha\cos45°=-0.577F_3$$

$$F_{3z}=F_3\sin\alpha=F_3\sin35.26°=0.577F_3$$

再计算 $\boldsymbol{F}_3$ 对各轴之矩：

$$M_x(\boldsymbol{F}_3)=F_{3z}a=F_3\sin\alpha=0.577F_3a$$

$$M_y(\boldsymbol{F}_3)=-F_{3z}a=-F_3\sin\alpha a=-0.577F_3a$$

$$M_z(\boldsymbol{F}_3)=F_{3x}a-F_{3y}a=-0.577F_3a-(-0.577F_3a)=0$$

（4）计算 $\boldsymbol{F}_4$、$\boldsymbol{F}_5$ 对各轴之矩：

$$M_x(\boldsymbol{F}_4)=0$$

$$M_y(\boldsymbol{F}_4)=0$$

$$M_z(\boldsymbol{F}_4)=F_4a$$

$$M_x(\boldsymbol{F}_5)=0$$

$$M_y(\boldsymbol{F}_5)=-F_5\sin45°a=-0.707F_5a$$

$$M_z(\boldsymbol{F}_5)=0$$

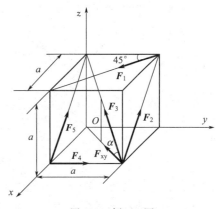

图 4-4　例 4-1 图

第三节　空间任意力系的简化与平衡

空间任意力系是力系中最普通的情形，其它各种力系都是它的特殊情形，因此从理论上说，研究空间任意力系的简化和平衡将对静力学基本原理有一个全面的完整的了解，此外，从工程实际上来说，许多工程结构的构件都受空间任意力系的作用，当设计计算这些结构时需要用空间任意力系的简化理论。空间任意力系向一点简化的理论基础，仍是力的平移定理。

一、空间任意力系的简化

设刚体上受到由 n 个力组成的空间任意力系（$\boldsymbol{F}_1$、$\boldsymbol{F}_2$、…、$\boldsymbol{F}_n$）的作用。O 为空间中任意确定的点，将力系诸力都平移到 O 点，并相应地增加一个附加力偶。这样原来的空间任意力系与空间汇交力系和空间力偶系两个简单力系等效，如图 4-5 所示。其中

$$\boldsymbol{F}_1'=\boldsymbol{F}_1\quad\boldsymbol{F}_2'=\boldsymbol{F}_2\quad\cdots\quad\boldsymbol{F}_n'=\boldsymbol{F}_n$$

$$M_1 = m_O(\boldsymbol{F}_1) \quad M_2 = m_O(\boldsymbol{F}_2) \quad \cdots \quad M_n = m_O(\boldsymbol{F}_n)$$

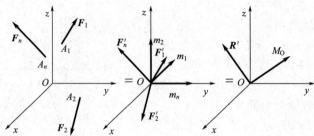

图 4-5　空间任意力系的简化

将作用于简化中心的汇交力系和附加力偶系分别合成，可以得到一个作用线通过 O 点的力 $\boldsymbol{R}'$ 和一个力偶 M_O。

$$\left. \begin{aligned} \boldsymbol{R}' &= \boldsymbol{F}_1' + \boldsymbol{F}_2' + \cdots + \boldsymbol{F}_n' = \sum \boldsymbol{F}_i' = \sum \boldsymbol{F}_i \\ M_O &= m_1 + m_2 + \cdots + m_n = \sum M_i = \sum M_O(\boldsymbol{F}_i) \end{aligned} \right\} \tag{4-6}$$

这就是空间任意力系的简化结果。

与平面力系的简化结果相仿，$\boldsymbol{R}'$ 称为原力系的主失，M_O 称为原力系对简化中心 O 的主矩。主失与简化中心无关，主矩与简化中心有关。

二、空间任意力系的平衡方程

空间任意力系平衡的必要和充分条件是：该力系简化的最后结果，即简化所得到的一个力和一个力偶的力偶矩的大小分别都等于零，所以空间任意力系的平衡方程写作

$$\left. \begin{aligned} \sum F_x &= 0 \\ \sum F_y &= 0 \\ \sum F_z &= 0 \\ \sum M_x(\boldsymbol{F}) &= 0 \\ \sum M_y(\boldsymbol{F}) &= 0 \\ \sum M_z(\boldsymbol{F}) &= 0 \end{aligned} \right\} \tag{4-7}$$

可见，**空间任意力系平衡的必要充分条件是：力系中各力在三个坐标轴中每一个坐标轴上的投影代数和等于零，以及各力对每一个坐标轴的矩的代数和也等于零。**

三、空间平行力系的平衡方程

设一物体受空间平行力系的作用，如图 4-6 所示，令 z 轴与各力平行，则各力对于 z 轴的矩等于零，又由于 x 轴和 y 轴都与这些力垂直，所以各力在 x 轴、y 轴上的投影也等于零，因而，空间任意力系六个平衡方程式中，第一、第二和第六个平衡方程式成了恒等式。因此，空间平行力系只有三个平衡方程式，可求解三个未知量，即

$$\left. \begin{aligned} \sum F_z &= 0 \\ \sum M_x(\boldsymbol{F}) &= 0 \\ \sum M_y(\boldsymbol{F}) &= 0 \end{aligned} \right\} \tag{4-8}$$

例 4-2　如图 4-7 所示的三轮小车，自重 $P = 8\text{kN}$，作用于 E 点，载荷 $P_1 = 10\text{kN}$，作用于 C 点，求小车静止时，地面对小车的反力。

解　取小车为研究对象，受力如图 4-7 所示，其中 $\boldsymbol{P}_1$、$\boldsymbol{P}$ 为主动力，$\boldsymbol{N}_A$、$\boldsymbol{N}_B$、$\boldsymbol{N}_D$ 为地面的约束反力，此五个力相互平行，组成空间平行力系，取坐标系 $Oxyz$，列平衡方程：

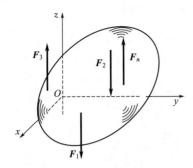

图 4-6　空间平行力系

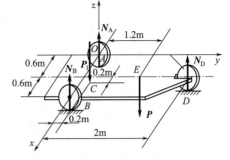

图 4-7　例 4-2 图

$$\sum F_z = 0 \qquad\qquad -P_1 - P + N_A + N_B + N_D = 0 \qquad\qquad (a)$$

$$\sum M_x(\boldsymbol{F}) = 0 \qquad\qquad -0.2P_1 - 1.2P + 2N_D = 0 \qquad\qquad (b)$$

$$\sum M_y(\boldsymbol{F}) = 0 \qquad\qquad 0.8P_1 + 0.6P - 0.6N_D - 1.2N_B = 0 \qquad (c)$$

由式（b）得　　　　　　　　　$N_D = 5.8\text{kN}$

代入式（c）得　　　　　　　　$N_B = 7.767\text{kN}$

代入式（a）得　　　　　　　　$N_A = 4.433\text{kN}$

四、空间力系平衡问题举例

空间任意力系有六个平衡方程式，只能求解六个未知量，如果未知量多于六个，即为静不定问题，因此解题时必须进行受力分析。空间力系平衡问题的解题思路是：首先必须搞清题意，根据已知条件和要求解的未知量，选取研究对象，确定坐标系；其次分析作用在研究对象上的全部主动力和约束反力，画出研究对象的受力图；第三，根据所画的受力图，判断它是否为空间任意力系，然后选取适当的坐标轴，列出平衡方程式求解。

例 4-3　电动机通过带传动，等速地将重物提升，如图 4-8 所示。已知 $r = 10\text{cm}$，$R = 20\text{cm}$，$L = 30\text{cm}$，$L' = 40\text{cm}$，$Q = 10\text{kN}$，$T_1 = 2T_2$，求传动带的拉力以及轴承 A、B 处的约束反力（其它尺寸如图）。

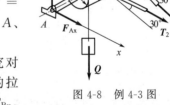

图 4-8　例 4-3 图

解　选取传动轴、鼓轮和重物所组成的系统为研究对象，作用在系统上的力有重物所受的重力 $\boldsymbol{Q}$，传动带的拉力 $\boldsymbol{T}_1$ 和 $\boldsymbol{T}_2$，轴承 A 和 B 的约束反力 $\boldsymbol{F}_{Ax}$、$\boldsymbol{F}_{Az}$、$\boldsymbol{F}_{Bx}$、$\boldsymbol{F}_{Bz}$，系统的受力图如图 4-8 所示，选取如图所示的坐标轴。

作用在系统上的力系是空间任意力系，列出其平衡方程式：

$$\sum M_y(\boldsymbol{F}) = 0 \qquad RT_1 - RT_2 - rQ = 0$$

将 $T_1 = 2T_2$ 代入上式得

$$T_1 = 2T_2 = \frac{2rQ}{R} = \frac{2 \times 10 \times 10}{20} = 10\text{kN}$$

$$T_2 = 5\text{kN}$$

$$\sum M_x(\boldsymbol{F}) = 0 \qquad 100F_{Bz} - 30Q + 60T_2\sin30° - 60T_1\sin30° = 0$$

解得

$$F_{Bz} = \frac{1}{100}(-60T_2\sin30° + 60T_1\sin30° + 30Q) = 4.5\text{kN}$$

$$\sum M_z(\boldsymbol{F}) = 0 \qquad -100F_{Bx} - 60(T_1 + T_2)\cos30° = 0$$

$$F_{Bx} = -\frac{60}{100}(T_1 + T_2)\cos 30° = -7.8\text{kN}$$

$$\sum F_x = 0 \qquad F_{Ax} + (T_1 + T_2)\cos 30° + F_{Bx} = 0$$

$$F_{Ax} = -(T_1 + T_2)\cos 30° - F_{Bx} = -5.2\text{kN}$$

$$\sum F_z = 0 \qquad F_{Az} - Q - T_1\sin 30° + T_2\sin 30° + F_{Bz} = 0$$

$$F_{Az} = Q + (T_1 - T_2)\sin 30° - F_{Bz} = 8\text{kN}$$

第四节 重 心

重心在工程实际中具有很重要的意义，因为重心位置的设计影响物体的平衡。例如，起重机在起吊机器或货物时，为避免它失去平衡而倾倒，其重心位置必须设计在一定范围内。此外，在分析、研究物体的运动以及构件的承载能力时，也会涉及与重心相关的问题。

地球上的物体会受到地心引力的作用。物体的诸元体所受到的地心引力，由于距离地心很远，可看成是一组平行力系。这组平行力系有一个合力，合力的大小称为物体的**重力**。合力的作用点称为物体的**重心**。由此看来，求物体的重心，实际上就是求这一平行力系合力的作用点。物体的重心位置对物体来说是确定的，而重心有时也可能在物体的形体之外。

一、物体重心的坐标公式

如将物体分割成许多微小体积，每一小块体积受的重力为 G_i，其作用点为 $M_i(x_i$、y_i、$z_i)$，如图 4-9 所示，则重力为一平行力系。

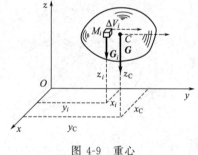

图 4-9 重心

如图 4-9 所示，在直角坐标系 $Oxyz$ 中，设物体任意一微小部分的重心坐标为 (x_i, y_i, z_i)，物体的重心坐标为 $(x_C$、y_C、$z_C)$。由合力矩定理，分别对 x、y 轴取矩，得

$$-Gy_C = -(G_1 y_1 + G_2 y_2 + \cdots + G_n y_n) = -\sum G_i y_i$$

$$Gx_C = G_1 x_1 + G_2 x_2 + \cdots + G_n x_n = \sum G_i x_i$$

将物体连同坐标系 $Oxyz$ 一起绕 x 轴顺时针转 90° 而使 y 轴向下，于是重力 G 和 G_i 都与 y 轴平行，如图 4-9 中虚线箭头所示的方向，这时由合力矩定理，对 x 轴取矩，得

$$-Gz_C = -(G_1 z_1 + G_2 z_2 + \cdots + G_n z_n) = -\sum G_i z_i$$

最后，由以上三式得出物体的重心坐标公式为

$$\left. \begin{aligned} x_C &= \frac{\sum G_i x_i}{G} \\ y_C &= \frac{\sum G_i y_i}{G} \\ z_C &= \frac{\sum G_i z_i}{G} \end{aligned} \right\} \qquad (4\text{-}9)$$

物体分割得越多，即每一小块体积越小，则按公式(4-9)计算的重心位置越准确。在极限情况下，也可用积分进行计算。

对于均质物体，设其单位体积的重量 γ 为常量，并以 ΔV_i 表示微小部分体积，V 表示物体体积，若将 $G_i = \gamma \Delta V_i$、$G = \gamma V$ 代入式(4-9)，则得**均质物体的重心坐标公式**为

$$
\left.\begin{aligned}
x_C &= \frac{\sum \Delta V_i x_i}{V} = \frac{\int_V x \, \mathrm{d}V}{V} \\[2mm]
y_C &= \frac{\sum \Delta V_i y_i}{V} = \frac{\int_V y \, \mathrm{d}V}{V} \\[2mm]
z_C &= \frac{\sum \Delta V_i z_i}{V} = \frac{\int_V z \, \mathrm{d}V}{V}
\end{aligned}\right\}
\tag{4-10}
$$

由式(4-10) 可知，均质物体的重心与物体单位体积的重量无关，只决定于物体的几何形状和尺寸。这个由物体几何形状和尺寸所决定的点就是物体的几何中心，均质物体的重心也就是几何形体的中心，简称为**形心**。因此，式(4-10) 也可以称为物体的**形心坐标公式**。

对于等厚度的均质物体，如工程上常用的平板、薄板等，如图 4-10 所示，其厚度远小于确定表面积的其它尺寸，这时欲求它的重心或形心，就可转化为求平面图形的重心或形心来处理。通过类似以上的推导，得到其重心（形心）的坐标公式为

$$
\left.\begin{aligned}
x_C &= \frac{\sum \Delta A_i x_i}{A} = \frac{\int_A x \, \mathrm{d}A}{A} \\[2mm]
y_C &= \frac{\sum \Delta A_i y_i}{A} = \frac{\int_A y \, \mathrm{d}A}{A} \\[2mm]
z_C &= \frac{\sum \Delta A_i z_i}{A} = \frac{\int_A z \, \mathrm{d}A}{A}
\end{aligned}\right\}
\tag{4-11}
$$

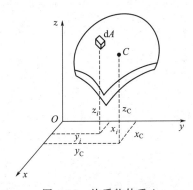

图 4-10 均质物体重心

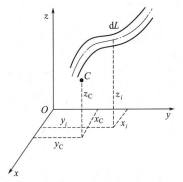

图 4-11 均质等截面杆重心

同理可得图 4-11 所示的均质等截面细杆的重心（形心）坐标公式为

$$
\begin{aligned}
x_C &= \frac{\sum \Delta L_i x_i}{L} = \frac{\int_L x \, \mathrm{d}L}{L} \\[2mm]
y_C &= \frac{\sum \Delta L_i y_i}{L} = \frac{\int_L y \, \mathrm{d}L}{L} \\[2mm]
z_C &= \frac{\sum \Delta L_i z_i}{L} = \frac{\int_L z \, \mathrm{d}L}{L}
\end{aligned}
\tag{4-12}
$$

二、物体重心或形心的确定方法

1. 利用形体的对称性求重心

当物体的质量分布具有对称面、对称轴或对称中心时，则物体的重心一定在它的对称面、对称轴或对称中心上。

利用形体的对称性求重心很方便。例如，均质圆球的球心就是它的重心；等腰三角形底边上的中线是它的对称线，所以其重心必在该中线上。

简单形状均质物体的重心坐标公式，可查工程手册有关部分，现摘录几种常用的列于表4-1中以供参考。

表 4-1　简单形体重心

图　　形	重心位置	图　　形	重心位置
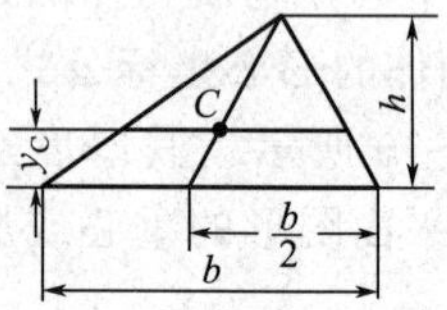 三角形	在中线的交点 $y_C = \dfrac{1}{3}h$	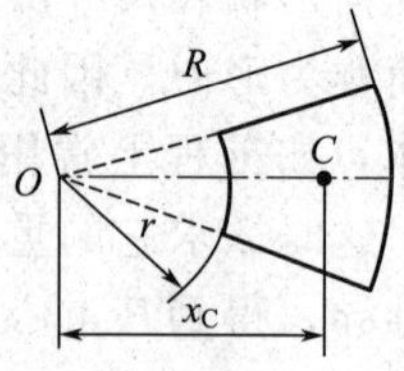 部分圆形	$x_C = \dfrac{2}{3} \times \dfrac{(R^3 - r^3)\sin\alpha}{(R^2 - r^2)\alpha}$
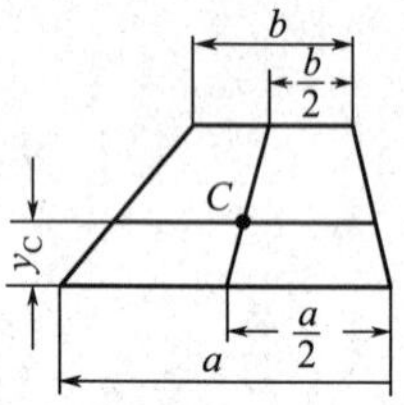 梯形	$y_C = \dfrac{h(a+2b)}{3(a+b)}$	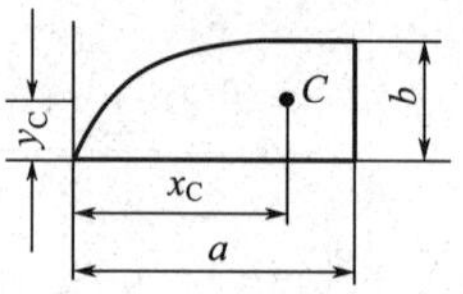 抛物线面	$x_C = \dfrac{3}{5}a$ $y_C = \dfrac{3}{8}b$
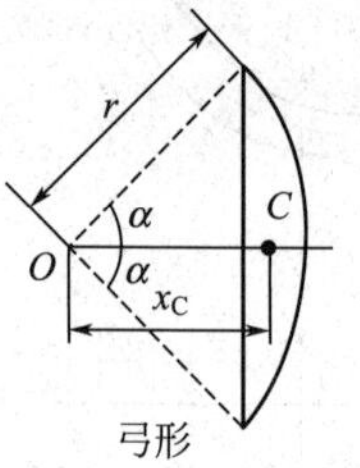 弓形	$x_C = \dfrac{2}{3} \times \dfrac{r^3\sin^3\alpha}{A}$ $A = \dfrac{r^2(2\alpha - \sin 2\alpha)}{2}$ （A 为面积）	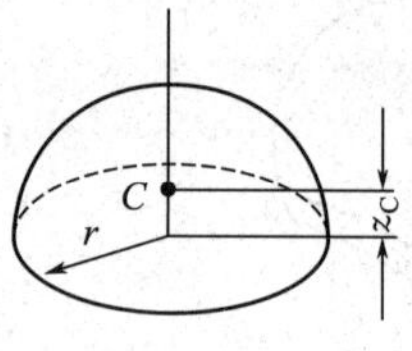 半球	$z_C = \dfrac{3}{8}r$
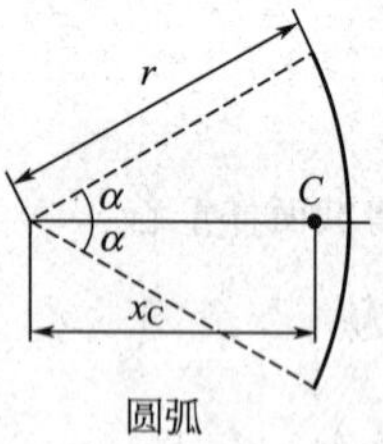 圆弧	$x_C = \dfrac{r\sin\alpha}{\alpha}$	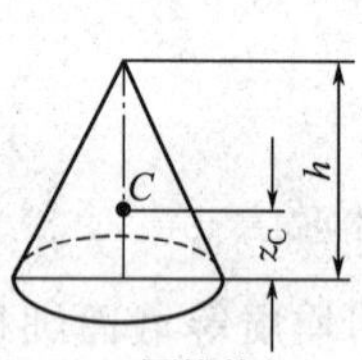 圆锥体	$z_C = \dfrac{1}{4}h$

2. 组合法

（1）分割法　在实际工程中经常遇到的物体形状比较复杂，但它们大多数可看成由简单形状物体组合而成，因此用分割法将形状比较复杂的物体分割成几部分，而每一部分形状都比较简单，其重心位置比较容易求出，这样就可以根据上面介绍的重心坐标公式来求出整个物体的重心。

例 4-4　角钢横截面尺寸如图4-12所示，求角钢横截面的重心位置。

解　选取如图4-12所示的坐标轴，并将角钢分割为两个矩形面积，分别用 A_1、A_2 表示，由图示关系可得：

矩形 Ⅰ　$A_1 = 12 \times 1.2 = 14.4\,\text{cm}^2$　$x_1 = 0.6\,\text{cm}$　$y_1 = 6\,\text{cm}$

矩形 Ⅱ　$A_2 = (8 - 1.2) \times 1.2 = 8.16\,\text{cm}^2$

　　　　$x_2 = 1.2 + 3.4 = 4.6\,\text{cm}$　$y_2 = 0.6\,\text{cm}$

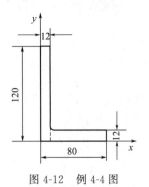

图 4-12　例 4-4 图

根据重心坐标公式，就可求得角钢横截面的重心位置：

$$x_C = \frac{\sum(\Delta A_i x_i)}{A} = \frac{A_1 x_1 + A_2 x_2}{A} = \frac{14.4 \times 0.6 + 8.16 \times 4.6}{14.4 + 8.16}$$

$$= 2.05\,\text{cm}$$

$$y_C = \frac{\sum(\Delta A_i y_i)}{A} = \frac{A_1 y_1 + A_2 y_2}{A} = \frac{14.4 \times 6 + 8.16 \times 0.6}{14.4 + 8.16}$$

$$= 4.05\,\text{cm}$$

（2）负面积法（或负体积法）　如果在物体的体积或面积内切去一部分（如有空穴的物体），求这类物体的重心时仍可采用与分割法相同的方法，只要把切去部分的体积或面积取为负值，然后根据重心坐标公式就可求出整个物体的重心。

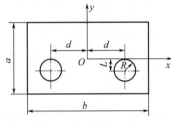

图 4-13　例 4-5 图

例 4-5　底板（图 4-13）的尺寸为 $a = 12\,\text{cm}$，$b = 20\,\text{cm}$，$L = 2\,\text{cm}$，$d = 6\,\text{cm}$，$R = 2\,\text{cm}$，求底板重心位置。

解　将底板视为由三部分组成：长方形 Ⅰ 及圆孔 Ⅱ 和 Ⅲ 。因为圆孔是切除部分，所以面积应取负值，选取如图 4-13 所示的坐标轴，因为底板对称于 y 轴，所以重心在对称轴 y 上，即 $x_C = 0$ ，只要求出 y_C 即可，由图示关系可得：

长方形板 Ⅰ

$$A_1 = ab = 12 \times 20 = 240\,\text{cm}^2$$
$$y_1 = 0$$

圆孔板 Ⅱ、Ⅲ

$$A_2 = A_3 = -\pi R^2 = -\pi \times 2^2 = -4\pi\,\text{cm}^2$$
$$y_2 = y_3 = -L = -2\,\text{cm}^2$$

根据重心坐标公式，就可求得底板的重心位置为

$$y_C = \frac{A_1 y_1 + A_2 y_2 + A_3 y_3}{A_1 + A_2 + A_3} = \frac{0 + (-4\pi)(-2) + (-4\pi)(-2)}{240 - 4\pi - 4\pi} = 0.234\,\text{cm}$$

3. 试验法

对形状复杂的物体，用计算的方法求重心位置是很麻烦的，在工程上常用试验的方法测定重心的位置，下面介绍两种常用方法。

（1）悬挂法　形状不规则的薄板的重心位置可以用悬挂法求得。用一根线将薄板悬挂于其边上任一点 A(图 4-14)，根据二力平衡的条件重心必在过悬挂点的铅垂线上，于是在板上划出这条线，然后再将薄板悬挂于另一点 B，同样可在板上划出另一条铅垂线，两条线的交点 C，就是重心的位置。

（2）称重法　例如，一发动机连杆，由于具有对称轴，所以只需确定重心在此轴线上的位置。先用磅秤称出物体的重量 P，然后将物体的一端搁在固定支点上，另一端搁在磅秤上(图 4-15)，测得两支点之间的水平距离 L，并读出磅秤上的读数 P_1，列出连杆对端点 A 的力矩方程

$$\sum M_A(\boldsymbol{F}) = 0 \qquad P_1 L - P x_C = 0$$

求解此方程，即得到发动机连杆的重心位置为

$$x_C = \frac{P_1 L}{P}$$

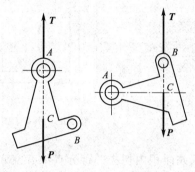

图 4-14　悬挂法

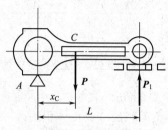

图 4-15　称重法

小　结

（1）本章首先介绍了力在空间直角坐标轴上的投影，以及二次投影法。研究了空间任意力系向一点简化，得到空间汇交力系和空间力偶系，然后导出其平衡方程。与前面所学内容进行对比：

各种力系的平衡方程

力系类型		平 衡 方 程						独立方程数目
		$F_R' = 0$			$M_O = 0$			
空间	任意力系	$\sum F_x = 0$	$\sum F_y = 0$	$\sum F_z = 0$	$\sum M_x = 0$	$\sum M_y = 0$	$\sum M_z = 0$	6
	汇交力系	$\sum F_x = 0$	$\sum F_y = 0$	$\sum F_z = 0$				3
	平行力系			$\sum F_z = 0$	$\sum M_x = 0$	$\sum M_y = 0$		3
	力偶系				$\sum M_x = 0$	$\sum M_y = 0$	$\sum M_z = 0$	3
平面	任意力系	$\sum F_x = 0$	$\sum F_y = 0$		$\sum M = 0$			3
	汇交力系	$\sum F_x = 0$	$\sum F_y = 0$					2
	平行力系		$\sum F_y = 0$		$\sum M = 0$			2
	力偶系				$\sum M = 0$			1

（2）介绍了对于简单形体的重心的求解方法以及工程中常用的重心求解方法。

思　考　题

4-1　设有一力 F，并选取轴 x，试问力 F 与轴 x 在何种情况下有 $F_x = 0$，$M_x = 0$？而在何种情况下有 $F_x = 0$，$M_x \neq 0$？又问，在何种情况下有 $F_x \neq 0$，$M_x \neq 0$？

4-2　物体的重心是否一定在物体的内部？

4-3　一均质等截面直杆的重心在哪里，若把它弯成半圆形，则重心位置是否会改变？

习　题

4-1　在简易汽车变速箱的第二轴上安装了一个斜齿轮。已知其螺旋角为 β，啮合角为 α，节圆直径为 d，传递的转矩为 M，试求此斜齿轮所受的圆周力 P_t、轴向力 P_a，径向力 P_r 与总法向啮合力 P_n 的大小。

4-2　圆锥直齿轮传动时受力情况如图所示，已知其传递的转矩为 M，节锥角为 δ，法

向压力角为 α，其平均节圆直径为 d，试求此圆锥直齿轮所受的圆周力 $\boldsymbol{P}_t$、轴向力 $\boldsymbol{P}_a$、径向力 $\boldsymbol{P}_r$ 与总法向啮合力 $\boldsymbol{P}_n$ 的大小。

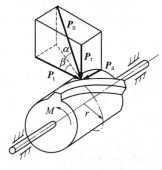

习题 4-1 图

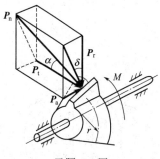

习题 4-2 图

4-3 长方体的顶角 A 和 B 处分别有 $\boldsymbol{P}$ 和 $\boldsymbol{Q}$ 作用，$P=500\mathrm{N}$，$Q=700\mathrm{N}$，求二力在 x、y、z 轴上的投影及对 x、y、z 轴之矩。$Oxyz$ 坐标系如图所示。

4-4 三轮车连同上面的货物共重 $G=3000\mathrm{N}$，重力作用线通过 C 点，求车子静止时各轮对水平地面的压力？

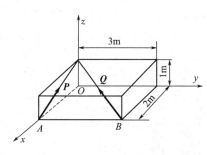

习题 4-3 图

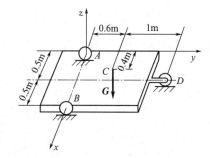

习题 4-4 图

4-5 曲轴在曲柄 E 处作用一力 $P=30\mathrm{kN}$，在曲柄 B 端作用一力偶 m 而平衡，力 $\boldsymbol{P}$ 在垂直于 AB 轴线的平面之内并和铅垂线成夹角 $\alpha=10°$，已知 $CDGH$ 平面和水平面成夹角 $\varphi=60°$，$AC=CH=HB=40\mathrm{cm}$，$CD=20\mathrm{cm}$，$DE=EG$，不计曲轴自重，试求力偶矩 m 的值和轴承 A、B 处的反力。

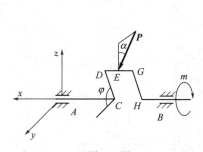

习题 4-5 图

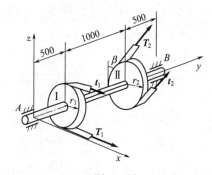

习题 4-6 图

4-6 某传动轴装有带轮，其半径分别为 $r_1=20\mathrm{cm}$，$r_2=25\mathrm{cm}$，轮Ⅰ的带是水平的，其张力 $T_1=2t_1=5000\mathrm{N}$，轮Ⅱ的带和铅垂线成 $\beta=30°$，其张力 $T_2=2t_2$，求传动轴作匀速转

动时的张力 T_2、t_2 和轴承 A、B 处的反力。

4-7　某车床的传动轴装在 A、B 两向心轴承上，大齿轮 C 的节圆直径 $d_1 = 21\text{cm}$，在 E 点承受力 P_1 的作用，小齿轮 D 的节圆直径 $d_2 = 10.8\text{cm}$，在 H 点受力 $P_2 = 22\text{kN}$，两圆柱直齿轮的压力角 $\alpha = 20°$，当传动轴匀速转动时，求力 P_1 的大小和轴承 A、B 的反力。

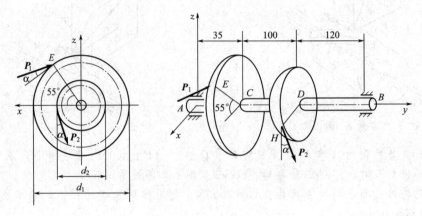

习题 4-7 图

4-8　作用于半径为 120mm 的齿轮上的啮合力 F 推动带绕水平轴 AB 作匀速转动。已知带紧边拉力为 200N，松边拉力为 100N，尺寸如图所示。试求力 F 的大小以及轴承 A、B 的约束力。

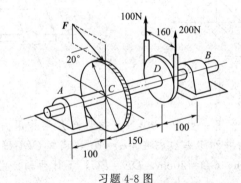

习题 4-8 图

4-9　试求图示两平面图形形心 C 的位置。

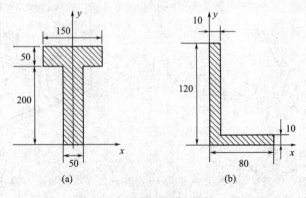

(a)　　　　　(b)

习题 4-9 图

4-10 试求图示平面图形形心位置。

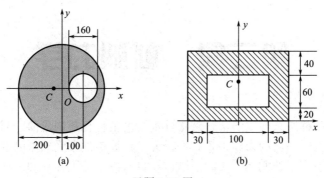

习题 4-10 图

第二篇 材料力学

机械是由许多构件组合而成的，任意构件都是由某种材料制成的。当机械工作时，构件受到外力的作用。在第一篇静力学中，已经研究了计算构件所受外力的基本方法，不过，在研究时把构件视为不变形的刚体，实际上刚体在自然界中是不存在的。任何构件在外力的作用下，它的尺寸和形状都会发生变化，并在外力增加到一定程度时发生破坏。构件的过大变形和破坏，都会影响机器或结构的正常工作，因此材料力学就是进一步研究构件的变形、破坏与作用在构件上的外力之间的关系。这是在认识、使用或维护、改造机器设备和工程结构时不可缺少的知识。

材料力学的任务是：研究构件在外力作用下的受力、变形和破坏规律，提供有关强度、刚度和稳定性的分析及计算的基本方法，即保证构件安全可靠，又最大限度地节约材料。

构件的强度、刚度和稳定性与其力学性质有关，这些性质必须通过试验加以测定；而材料力学基本理论的建立要以试验现象作为基础，其基本计算方法和公式又需经过试验加以验证，才能确定其准确程度和适用性。因此，材料力学是一门理论和实践并重的科学。

一、材料力学的基本假设

在材料力学中，为了研究计算的简化，对性质复杂的变形固体，常抓住与问题有关的一些主要因素，忽略一些关系不大的次要因素，对变形固体作某些假设，把它抽象成理想模型。材料力学中，对变性固体所作的假设有下列几种。

1. 连续性假设

认为组成固体的物质毫无空隙地充满了固体的几何空间。从物质结构来说：组成固体的粒子之间实际上并不连续，但它们之间所存在的空隙与构件的尺寸相比，极其微小，可以忽略不计。这样就可以认为固体内部的物质，在其整个几何空间内是连续的。这样构件中的一些物理量（如各点的位移），即可用坐标的连续函数表示，又可采用无限小的分析方法。

2. 均匀性假设

认为在固体的体积内，其基本组成部分的机械性质完全相同，其任意部分都具有相同的力学性能。

3. 各向同性假设

认为固体在各个方向上的机械性质完全相同。具备这种属性的材料称为各向同性材料。例如，玻璃就是典型的各向同性材料。若材料沿不同方向呈现不同的力学性能，则称为各向异性。在今后的讨论中，一般都把固体假设为各向同性材料。

4. 小变形假设

假定物体几何形状及尺寸的改变与其总体尺寸比较起来是很微小的。由于材料力学主要是研究固体在弹性阶段的问题，所以工程中的构件，在分析其强度、刚度时，一般变形都很小。因为变形很小，故在列静力平衡方程或进行其它分析时，可以不考虑外力作用点在物体变形时所产生的位移，这就大大简化了材料力学的实际计算问题。必须指出，在某些情况下，当外力作用后所产生的变形很大时，小变形的假设就不能采用。

试验结果表明：如外力不超过一定限度，绝大多数材料在外力作用下发生变形，在外力解除后又恢复原状；但如外力过大，超过一定限度，则外力解除后部分变形消失，而遗留下一部分不能消失的变形。随外力解除后而消失的变形称为弹性变形，外力解除后不能消失的变形称为塑性变形，也称为残余变形或永久变形。一般情况下要求构件只发生弹性变形，而不希望发生塑性变形。

二、杆件变形的基本形式

材料力学研究的主要对象是其截面尺寸远小于轴线长度的杆件。外力的作用方式不同，杆件变形的形式也不同，按照变形的特点，可以把杆件的变形归纳为四种基本变形形式，即拉伸与压缩、剪切、扭转、弯曲。

1. 拉伸与压缩

这类变形形式是由大小相等、方向相反、作用线与杆件轴线重合的一对力引起的，表现为杆件的长度发生伸长或缩短 [图Ⅱ-1(a)、(b)]。例如，起吊重物的钢索、桁架的杆件、液压油缸的活塞杆等的变形，都属于拉伸或压缩变形。

2. 剪切

这类变形形式是由大小相等、方向相反、作用线相互平行的力引起的，表现为受剪杆件的两部分沿外力作用方向发生相对错动 [图Ⅱ-1(e)]。机械中常用的连接件，如键、销钉、螺栓等都产生剪切变形。

3. 扭转

这类变形形式是由大小相等、方向相反、作用面垂直于杆轴的两个力偶引起的。表现为杆件的任意两个横截面发生绕轴线的相对转动 [图Ⅱ-1(c)]。汽车的传动轴、电机和水轮机的主轴等都是受扭杆件。

4. 弯曲

这类变形形式是由垂直于杆件轴线的横向力，或由作用于包含杆轴的纵向平面内的一对大小相等，方向相反的力偶引起的，表现为杆件轴线由直线变为曲线 [图Ⅱ-1(d)]。工程中，受弯杆件是最常遇到的情况之一。桥式起重机的大梁、各种心轴以及车刀等的变形，都属于弯曲变形。

还有一些杆件同时发生几种基本变形：车床主轴工作时发生弯曲、扭转和压缩三种基本变形；钻床立柱同时发生拉伸和弯曲两种基本变形。这种情况称为组合变形。下面将首先讨论四种基本变形，然后再讨论组合变形。

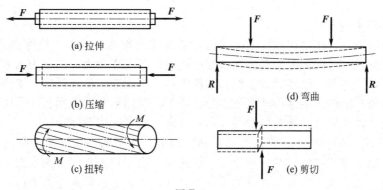

(a) 拉伸

(b) 压缩

(c) 扭转

(d) 弯曲

(e) 剪切

图Ⅱ-1

第五章

轴向拉伸与压缩

在工程中经常见到承受拉伸或压缩的杆件。例如紧固螺栓，当拧紧螺母时，被压紧的工件对螺栓有反作用力，螺栓承受拉伸，如图 5-1(a) 所示；千斤顶的螺杆在顶起重物时，则承受压缩，如图 5-1(b) 所示。前者发生伸长变形，后者发生缩短变形。

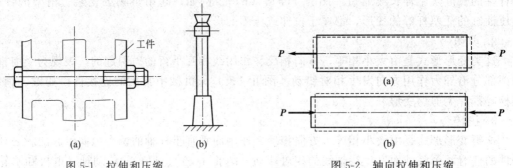

图 5-1 拉伸和压缩　　　　　　　　　　　　图 5-2 轴向拉伸和压缩

受拉伸或压缩的构件有很多是等截面直杆（统称为杆件），它们受力的共同特点是作用于杆件上的外力（或外力的合力）作用线和杆的轴线重合。杆件的变形是沿轴线方向的伸长或缩短。图 5-2(a) 所示两个外力方向背离者为拉杆；图 5-2(b) 所示两个外力相对者为压杆。虚线表示变形后的外形，实线表示受力前的外形。

本章研究拉、压杆件的强度和刚度计算，并结合拉、压杆件的受力和变形分析，介绍材料力学的基本概念和分析方法，讨论材料的力学性质。

第一节　轴向拉伸或压缩时横截面上的内力与应力

一、内力和截面法

在材料力学中，凡作用在杆件上的载荷和约束反力均称为外力。杆件受外力而变形时，杆件内部材料的颗粒之间，因相对位置改变而产生的相互作用力，则称为**内力**。内力随外力的增大而增大，达到某一限度时就会引起构件破坏，因而它与构件强度、刚度、稳定性等密切相关。材料力学中的内力是构件在外力的作用下，其内部各质点间相互作用力的改变量。

为了研究杆件的内力，确定内力的大小和方向，通常采用截面法。

图 5-3(a) 所示的拉杆，在杆两端拉力的作用下保持平衡。欲求某一截面 m—m 上的内力，可在此截面处假想将杆切开，分为 Ⅰ、Ⅱ 两段。由于杆件处于平衡状态，所以它的任意部分 Ⅰ、Ⅱ 段也必然处于平衡，即内力总是与外载荷平衡的。假定保留 Ⅰ 段，移去 Ⅱ 段，而将 Ⅱ 段对 Ⅰ 段的作用以内力来代替。根据连续性假设可知，内力是作用在横截面上的连续分布力。设该连续分布内力的合力为 N [图 5-3(b)]，则由左段杆的平衡条件 $\sum F_x = 0$ 可知：

$$N = P$$

根据作用与反作用定律，在 Ⅱ 段的截面 m—m 上 [图 5-3(c)]，Ⅰ 对 Ⅱ 也必作用大小相等、方向相反的力，其合力大小仍等于 N。

这种取杆件的一部分为研究对象，利用静力平衡方程求内力的方法，称为**截面法**。用截面法求内力可按以下三个步骤进行。

（1）沿欲求内力与杆轴线垂直的截面，假想把杆分成两部分。

（2）取其中一部分为研究对象，画出其受力图。在截面上用内力代替移去部分对留下部分的作用。

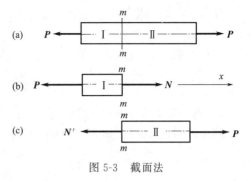

图 5-3　截面法

（3）列出研究对象的静力平衡方程，确定未知的内力。

以上三点可以归纳为：假截留半，内力代换，内外平衡。

截面法是材料力学中求内力的普遍方法，以后将经常用到。

拉（压）杆内力 N 的作用线与杆件的轴线重合，故称为**轴向内力**，简称**轴力**。轴力或为拉力，或为压力。当轴力的指向离开截面时，则杆受拉，规定轴力为正；反之，当轴力的指向朝向截面时，则杆受压，规定轴力为负。杆件的受力和变形形式不同，则内力的形式也不同，这将在以后各章分别讨论。

对于在不同位置受多个力作用的杆件，从杆的不同部位截开，其轴力是不同的。所以必须分段用截面法求出各段轴力，从而确定其最大轴力。

二、轴力图

工程实际中，多数拉杆所受轴向外力较为复杂。当杆件受到多个轴向外力作用时，在杆的各部分的横截面上的轴力就不同。这时仍用截面法来求得各横截面上的轴力，而轴力随横截面的位置不同而变化的情况则用轴力图表示。

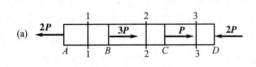

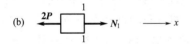

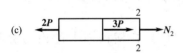

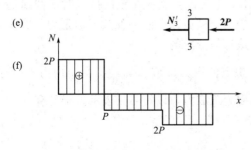

图 5-4　例 5-1 图

具体作法：选用一定的比例尺，以沿杆轴线方向的坐标表示横截面的位置，垂直于杆轴线方向的坐标表示相应横截面上轴力的大小。这样作出的轴力与横截面位置关系的图线称为**轴力图**。

下面举例说明截面法的运用和轴力图的绘制。

例 5-1　试画出图 5-4（a）所示直杆的轴力图。

解　此杆在 A、B、C、D 点承受轴向外力。使用截面法，先在 AB 段内取 1—1 截面，假想地将直杆分成两段，弃去右段，并画出左段的受力图，如图 5-4（b）所示，用 N_1 表示右段对左段的作用。设 N_1 为正的轴力，由此段的平衡方程 $\sum F_x = 0$ 得：

$$N_1 - 2P = 0$$
$$N_1 = 2P（拉力）$$

N_1 得正号，说明原先假设拉力是正确的，同时也就表示轴力是正的。AB 段内任一截面的轴力大小都等于 $2P$。

同理取截面 2—2，由截面左边一段［图 5-4(c)］的平衡方程 $\sum F_x = 0$ 得：

$$N_2 + 3P - 2P = 0$$
$$N_2 = -P(压力)$$

N_2 得负号，说明原先假设为拉力是不正确的，应为压力，同时又表明轴力是负的。

同理取截面 3—3，如图 5-4(d) 所示，由平衡方程 $\sum F_x = 0$ 得：

$$N_3 + P + 3P - 2P = 0$$
$$N_3 = -2P$$

如果研究截面 3—3 右边一段图，如图 5-4(e) 所示，由平衡方程 $\sum F_x = 0$ 得：

$$N_3 + 2P = 0$$
$$N_3 = -2P(压力)$$

所得结果与前面相同。

然后以 x 轴表示截面的位置，以垂直 x 轴的坐标表示对应截面的轴力，即可按选定的比例尺画出轴力图，如图 5-4(f) 所示。在轴力图中，将拉力画在 x 轴的上侧，压力画在 x 轴的下侧。这样，轴力图不但显示出杆件各段轴力的大小，而且还可以表示出各段内的变形是拉伸还是压缩。

三、横截面上的应力

用截面法求出拉、压杆横截面上的内力，仅仅是求出了杆件受力的大小，并不能判断杆件在某一点受力的强弱程度。例如，有一直径不同的钢杆，两端受外力 F 作用而拉伸，当力 F 增大到一定值时，由经验可知，断裂必发生在直径较小的一段上，但钢杆上任一截面的内力大小都是一样的，只是由于直径小处的截面积小，内力在截面上分布的密集程度（即每一单位面积上的内力）就大；反之，杆的横截面积大，每一单位面积上的内力就小。也就是说，杆件受力的强弱程度，不仅与内力的大小有关，还与杆的横截面积的大小有关。因此，工程上常用单位面积上内力的大小来衡量构件受力的强弱程度。构件在外力的作用下，单位面积上的内力，称为**应力**。应力描述了内力在横截面上的分布情况和密集程度，它才是判断构件强度是否足够的量。材料力学对构件进行强度和变形分析时，经常用到应力概念，并计算应力的大小。

现在研究拉（压）杆横截面上的内力分布规律。

现取一等直杆，拉伸变形前在其表面上画垂

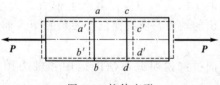

图 5-5 拉伸变形

直于杆轴的直线 ab 和 cd（图 5-5）。拉伸变形后，发现 ab 和 cd 仍为直线，且仍垂直于轴线，只是分别平行地移动至 $a'b'$ 和 $c'd'$。于是可以作出如下假设：直杆在轴向拉压时横截面仍保持为平面。此假设称为**平面假设**。杆件在它的任意两个横截面之间的伸长变形是均匀的。又因材料是均匀连续的，所以杆件横截面上的内力是均匀分布的。

设杆的横截面积为 A，轴力为 N，则单位面积上的内力即应力为 $\dfrac{N}{A}$。由于内力 N 垂直于横截面，故应力也垂直于横截面，这样的应力称为**正应力**，以符号 σ 表示。于是有

$$\sigma = \frac{N}{A} \tag{5-1}$$

这就是拉杆横截面上正应力 σ 的计算公式。当 N 为压力时，它同样可用于压应力计算。

规定拉应力为正，压应力为负。

在工程计算中，应力常用的国际制单位为牛顿/米²（N/m²），称为帕（Pa）；或兆帕（MPa）。1MPa=10⁶Pa。

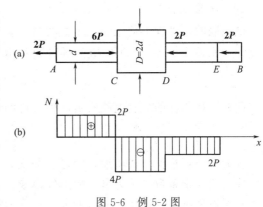

图 5-6 例 5-2 图

例 5-2 图 5-6（a）所示为一变截面拉压杆件，其受力情况如图 5-6 所示，试确定其危险截面。

解 运用截面法求各段内力，作轴力图，如图 5-6（b）所示：

AC 段 $N_1=2P$

CD 段 $N_2=-4P$

DE 段 $N_3=-2P$

EB 段 $N_4=0$

根据内力计算应力，则得：

AC 段
$$\sigma_1=\frac{N_1}{\pi d^2/4}=\frac{8P}{\pi d^2}$$

CD 段
$$\sigma_2=\frac{N_2}{\pi D^2/4}=\frac{-4P}{\pi d^2}$$

DE 段
$$\sigma_3=\frac{N_3}{\pi d^2/4}=-\frac{8P}{\pi d^2}$$

最大应力所在的截面称为危险截面。由计算可知，AC 段和 DE 段为危险截面。

第二节 拉(压)杆的变形和虎克定律

一、绝对变形和相对变形

杆件受轴向拉力时，纵向尺寸要伸长，而横向尺寸将缩小；当受轴向压力时，则纵向尺寸要缩短，而横向尺寸将增大。图 5-7 所示的等直杆，在轴向拉力的作用下，将引起轴向尺寸的拉长，而横向尺寸略有缩小。

图 5-7 拉伸变形

现在仅研究轴向尺寸的变化。设拉杆原长为 L，横截面积为 A（图 5-7）。在轴向拉力 P 作用下，长度由 L 变为 L_1，以 ΔL 表示杆沿轴向的伸长量，则有

$$\Delta L=L_1-L \tag{5-2}$$

ΔL 称为杆件的**绝对变形**。对于拉杆，ΔL 为正值；对于压杆，ΔL 为负值。其单位常用 mm 表示。

绝对变形只表示了杆件变形的大小，但不能表示杆件变形的程度。为了消除杆原来的尺寸对杆变形的影响，通常以单位原长的变形来度量杆的变形程度，因此可将 ΔL 除以 L，得

$$\varepsilon=\frac{\Delta L}{L} \tag{5-3}$$

ε 称为杆件的**相对变形**（或称线应变）。对于拉杆，ε 为正值；对于压杆，ε 为负值。ε 无单位，通常用百分比表示。

ΔL 和 ε 两个量从不同的角度反映了杆件变形的大小。ΔL 和 ε 究竟和哪些因素有关呢？虎克通过试验全面揭示了这个问题。

二、虎克定律

试验表明，工程上使用的大多数材料都有一个弹性阶段，在此阶段范围内，轴向拉压杆件的伸长或缩短量 ΔL，与轴力 N 和杆长 L 成正比，与杆的横截面积 A 成反比，即

$$\Delta L \propto \frac{NL}{A}$$

此外，还与杆的材料性能有关，引入比例常数 E 则得到：

$$\Delta L = \frac{NL}{EA} \tag{5-4}$$

这就是计算拉伸（或压缩）变形的公式，称为**虎克定律**。式中 E 为表示材料抵抗拉压变形能力的一个系数，称为材料的**弹性模量**。材料的 E 值越大，变形就越不容易。乘积 EA 则表示了杆件抵抗拉压变形能力的大小，称为杆的**抗拉（压）刚度**。对于长度相同、受力相同的杆，EA 值越大，杆的变形就越小。

几种常用材料的 E 值已列入表 5-1 中。

表 5-1　几种常用材料的 E 和 μ 的约值

材料名称	E/GPa	μ
碳　　钢	196～216	0.24～0.28
合金钢	186～206	0.25～0.30
灰铸铁	78.5～157	0.23～0.27
铜及其合金	72.6～128	0.31～0.42
铝合金	70	0.33

式(5-4)还可改写为：

$$\frac{N}{A} = E \frac{\Delta L}{L}$$

其中 $\frac{N}{A} = \sigma$，而 $\frac{\Delta L}{L} = \varepsilon$，代入上式，则有

$$\sigma = E\varepsilon \tag{5-5}$$

式(5-5)是虎克定律的另一种表达式，即应力未超过一定限度时，应力与应变成正比。式(5-5)是材料力学中一个很重要的关系式。应用此关系式可以从已知的应力求变形，反之，也可以通过对变形的测量来求未知的应力。

杆件在拉伸（或压缩）时，横向也有变形。设拉杆原来的横向尺寸为 d，变形后为 d_1（图 5-7），则横向应变 ε' 为

$$\varepsilon' = \frac{\Delta d}{d} = \frac{d_1 - d}{d} \tag{5-6}$$

试验指出，当应力不超过比例极限时，横向应变 ε' 与轴向应变 ε 之比的绝对值是一个常数。即

$$\left| \frac{\varepsilon'}{\varepsilon} \right| = \mu$$

μ 称为横向变形系数或泊松比，是一个无量纲的量。与弹性模量 E 一样，泊松比 μ 也是材料固有的弹性常数。

因为当杆件轴向伸长时横向缩小，而轴向缩短时横向增大，所以 ε' 和 ε 符号是相反的。

例 5-3　图 5-8 中的 M12 螺栓小径 $d = 10.1\text{mm}$，拧紧后在计算长度 $L = 80\text{mm}$ 上产生的总伸长 $\Delta L = 0.03\text{mm}$。钢的弹性模量 $E = 200\text{GPa}$。试计算螺栓内的应力和螺栓的预紧力。

解　拧紧后螺栓的应变为

$$\varepsilon = \frac{\Delta L}{L} = \frac{0.03}{80} = 0.000375$$

根据虎克定律，可得螺栓内的拉应力为

$$\sigma = E\varepsilon = 200 \times 10^9 \times 0.000375 = 75\text{MPa}$$

螺栓的预紧力为

$$P = A\sigma = \frac{\pi}{4} \times (10.1 \times 10^{-3})^2 \times 75 \times 10^6 = 6\text{kN}$$

以上问题求解时，也可以先由虎克定律的另一表达式（5-4）即 $\Delta L = \dfrac{NL}{EA}$ 求出预紧力 N，然后再由预紧力 N 计算应力 σ。

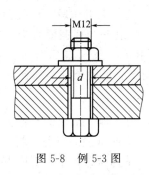

图 5-8　例 5-3 图

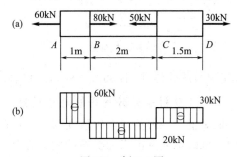

图 5-9　例 5-4 图

例 5-4　图 5-9（a）所示为一等截面钢杆，横截面积 $A = 500\text{mm}^2$，弹性模量 $E = 200\text{GPa}$，所受轴向外力如图所示，当应力未超过 200MPa 时，其变形将在弹性范围内。试求钢杆的总伸长。

解　应用截面法求得各段横截面上的轴力如下：

AB 段 $\qquad\qquad\qquad\qquad N_1 = 60\text{kN}$

BC 段 $\qquad\qquad\qquad\qquad N_2 = 60 - 80 = -20\text{kN}$

CD 段 $\qquad\qquad\qquad\qquad N_3 = 30\text{kN}$

由此可得轴力图 ［图 5-9（b）］。

由式(5-1)可得各段横截面上的正应力为：

AB 段 $\qquad\qquad\quad \sigma_1 = \dfrac{N_1}{A} = \dfrac{60 \times 10^3}{500} = 120\text{MPa}$

BC 段 $\qquad\qquad\quad \sigma_2 = \dfrac{N_2}{A} = \dfrac{-20 \times 10^3}{500} = -40\text{MPa}$

CD 段 $\qquad\qquad\quad \sigma_3 = \dfrac{N_3}{A} = \dfrac{30 \times 10^3}{500} = 60\text{MPa}$

由于各段内的正应力都小于 200MPa，即未超过弹性限度，所以均可应用虎克定律来计算其变形。全杆总长的改变为各段长度改变之和。由式(5-4) 即得

$$\Delta L = \Delta L_1 + \Delta L_2 + \Delta L_3$$

$$= \frac{1}{EA}(N_1 L_1 + N_2 L_2 + N_3 L_3)$$

$$= \frac{1}{200 \times 10^9 \times 500 \times 10^{-6}} \times (60 \times 10^3 \times 1 - 20 \times 10^3 \times 2 + 30 \times 10^3 \times 1.5)$$

$$= 0.65 \times 10^{-3}\text{m} = 0.65\text{mm}$$

第三节 拉伸和压缩时材料的力学性能

在外力作用下不同材料所表现的力学性能不同。**材料的力学性能**主要是指材料在外力作用下表现出的变形和破坏方面的特性。因此，要解决构件的强度及刚度问题，就必须通过试验来研究材料的机械性质，作为合理选择材料及计算的依据。

在常温、静载的条件下，通过对材料进行拉伸及压缩试验，观察材料在开始受力直到破坏这一全过程中所呈现的各种现象，来认识材料的各项机械性质。

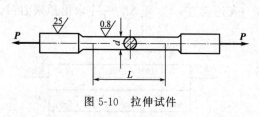

图 5-10 拉伸试件

为使试验结果能互相比较，采用标准试件。拉伸试件的形状如图 5-10 所示，中间为较细的等直部分，两端加粗。在中间等直部分取长为 L 的为一段作为工作段，L 称为标距。对圆截面试件，标距 L 与横截面直径 d 有两种比例，$L=10d$ 和 $L=5d$。国家规定的试验标准《金属拉力试验法》(GB 3697—86)，对试件的形状、加工精度、试验条件等都有具体要求。

一、低碳钢拉伸时材料的力学性能

低碳钢（一般是指含碳量在 0.3% 以下的碳素结构钢）是工程上常用的材料。在拉伸试验中，低碳钢表现出来的机械性质最为典型，故选择其作为拉伸试验的典型材料。

试件装上试验机后，缓慢加载。试验机的示力盘指出一系列拉力值 F，对应着每一个拉力值 F，同时又可测出试件标距 L 的伸长量 ΔL。以纵坐标表示拉力值 F，横坐标表示伸长量 ΔL。根据测得的一系列数据，作图表示 F 和 ΔL 的关系（图 5-11），称为拉伸图或 F-ΔL 曲线。

F-ΔL 曲线与试件的尺寸有关。为了消除试件尺寸的影响，可把 F-ΔL 曲线改为 σ-ε 曲线，亦即纵坐标用应力 $\sigma = \dfrac{F}{A}$ 和横坐标用应变 $\varepsilon = \dfrac{\Delta L}{L}$，其中 A 为试验前试件的横截面积，L 为试验前的标距。这样画出的曲线（图 5-12），称为应力-应变图或 σ-ε 曲线。从应力-应变图中，可以得到一系列重要的机械性质。

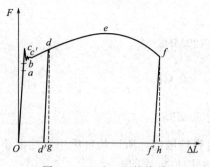

图 5-11 F 和 ΔL 的关系

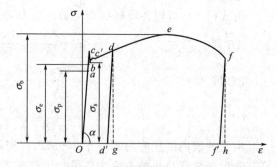

图 5-12 低碳钢拉伸 σ-ε 曲线

根据试验结果，低碳钢的机械性质大致如下。

1. 比例极限 σ_p

在拉伸的初始阶段，σ 和 ε 的关系为直线 Oa，这表示在这一阶段内 σ 和 ε 成正比，材料服从虎克定律（$\sigma = E\varepsilon$）。直线 Oa 的最高点 a 所对应的应力，用 σ_p 来表示，称为**比例极限**。比例极限是材料的应力与应变成正比的最大应力。Q235 钢的比例极限 $\sigma_p \approx 200\text{MPa}$。

由图 5-12 可看出，直线 Oa 的斜率为

$$\tan\alpha = \frac{\sigma}{\varepsilon} = E \tag{5-7}$$

由式(5-7) 可确定材料的弹性模量 E。

超过比例极限后，从 a 点到 b 点，σ 和 ε 间的关系不再是直线。但变形仍是弹性的，即解除拉力后变形将完全消失。b 点对应的应力称为**弹性极限**，用 σ_e 来表示。在 $\sigma\varepsilon$ 曲线上，a、b 两点非常接近，所以工程上对弹性极限和比例极限并不严格区分。

如果超过了弹性极限，则会产生塑性变形。

2. 屈服极限 σ_s

当应力超过 b 点增加到某一数值时，变形有非常明显的增加，而应力先是下降，然后在很小的范围内波动，在 $\sigma\varepsilon$ 曲线上出现接近水平线的小锯齿形线段。这种应力变化不大而应变显著增加的现象称为材料**屈服**。锯齿形下端点的应力，称为**屈服极限**，用 σ_s 表示。Q235 钢的屈服极限 $\sigma_s \approx 235\text{MPa}$。

表面光滑的试件在应力达到屈服极限时，表面将出现与轴线大致成 45°倾角的条纹（图 5-13）。因为在 45°的斜截面上作用着数值最大的切应力，所以这是材料沿最大切应力作用面发生滑移的结果，这些条纹称为**滑移线**。

当材料屈服时，将引起显著的塑性变形，而零件的塑性变形将影响机器的正常工作，所以**屈服极限 σ_s 是衡量材料强度的重要指标**。

图 5-13　滑移线　　　　　　　　　　　　　图 5-14　颈缩现象

3. 强度极限 σ_b

过了屈服阶段后，材料又恢复了抵抗变形的能力，要使它继续变形必须增加拉力。这种现象称为**材料的强化**。在图 5-12 中，强化阶段中最高点 e 所对应的应力，是试件所能承受的最大应力，称为**强度极限**，用 σ_b 表示。在强化阶段中试件横向尺寸明显缩小。Q235 钢的强度极限 $\sigma_b \approx 400\text{MPa}$。

过 e 点后，试件局部显著变细，并形成"颈缩"现象（图 5-14）。由于在颈缩部分横截面积迅速减小，因此使试件继续变形所需的载荷也相应减小。在 $\sigma\varepsilon$ 图中，用横截面原始面积 A 算出的应力 $\sigma = \frac{P}{A}$ 随之下降，降落到 f 点，试件被拉断。

因为应力到达强度极限后，试件出现颈缩现象，随后即被拉断，所以**强度极限 σ_b 是衡量材料强度的另一重要指标**。

4. 塑性指标

试件拉断后，弹性变形消失，而塑性变形依然保留。常用来表示材料的塑性的指标有两个：一个是伸长率，用 δ 表示；另一个是断面收缩率，以 ψ 表示。

$$\delta = \frac{L_1 - L}{L} \times 100\% \tag{5-8}$$

式中，L_1 为拉断后的标距长度。

$$\psi = \frac{A - A_1}{A} \times 100\% \tag{5-9}$$

式中，A_1 为拉断后断口处横截面积。

δ 和 ψ 都表示材料直到拉断时其塑性变形所能达到的最大程度。δ、ψ 越大，说明材料的塑性越好。故 **δ、ψ 是衡量材料塑性的两个重要指标**。

工程上通常按伸长率的大小把材料分成两大类，$\delta \geqslant 5\%$ 的材料称为**塑性材料**，如碳钢、黄铜、铝合金等；而把 $\delta < 5\%$ 的材料称为**脆性材料**，如灰铸铁、玻璃、陶瓷等。

5. 卸载定律及冷作硬化

在低碳钢的拉伸试验中，如把试件拉到超过屈服极限的 d 点（图 5-12），然后逐渐卸除拉力，应力和应变关系将沿着斜直线 dd' 回到 d' 点。这说明材料在载卸中应力和应变按直线规律变化，这就是**卸载定律**。拉力完全卸除后，$d'g$ 表示消失了的弹性应变 ε_e，而 Od' 表示不再消失的塑性应变 ε_p。所以在超过弹性极限后的任一点 d，其应变包括两部分：$\varepsilon = \varepsilon_e + \varepsilon_p$。

卸载后如再重新加载，则应力和应变关系大致上沿卸载时的斜直线 dd' 变化，直到 d 点后，又沿曲线 def 变化。可见在再次加载过程中，直到 d 点以前材料的变形是弹性的，过 d 点后才开始出现塑性变形。比较图 5-12 中 $oabcdef$ 和 $d'def$ 两条曲线，可见在第二次加载时，其比例极限得到了提高，但塑性变形和伸长率却有所降低。这种在常温下把材料预拉到塑性变形，然后卸载，当再次加载时，将使材料的比例极限提高而塑性降低的现象，称为**冷作硬化**。当某些构件对塑性的要求不高时，可利用它来提高材料的比例极限和屈服极限。例如，对起重机的钢丝采用冷拔工艺，对某些型钢采用冷轧工艺均可收到这种效果。

二、铸铁的拉伸试验

这里以灰铸铁作为脆性材料的典型。通过试验，发现铸铁的断裂是突然发生的。在较小的拉力下就被拉断，没有屈服和颈缩现象，拉断前的应变很小，伸长率也很小，断口平齐。图 5-15 所示为灰铸铁拉伸时的应力-应变图。它的特点是在很小的应力下就不是直线了，一般可以近似地认为 σ-ε 曲线在一定范围内仍是直线，并且服从虎克定律。它的强度指标通常用拉伸时的强度极限 σ_{bl} 来表示。由于铸铁等脆性材料抗拉强度很低，因此不宜作为承拉零件的材料。

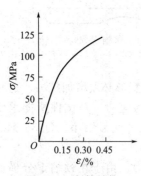

图 5-15　灰铸铁拉伸 σ-ε 曲线

三、低碳钢压缩时的力学性能

一般金属材料的压缩试件都做成圆柱形状。为了避免将试件压弯与减少试件端面的摩擦对试验结果的影响，一般取试件的高度为直径的 $1.5 \sim 3$ 倍。图 5-16 所示为低碳钢（Q235）压缩时的应力-应变图。试验表明：这类材料压缩时的屈服极限 σ_s 与拉伸时的接近。在屈服阶段以前，拉伸与压缩时的 σ-ε 曲线是重合的，故基本上可以认为碳钢是拉、压等强度的材料。低碳钢受压缩时，过屈服以后越压越扁，横截面面积不断增大，试件抗压能力也继续提高，因而得不到压缩时的强度极限。因此对于低碳钢可不进行压缩试验，其压缩时的力学性能可直接引用拉伸试验的结果。

四、铸铁压缩时的力学性能

脆性材料在压缩时的机械性质与拉伸时有较大区别。图 5-17 所示为铸铁压缩时的应力-应变图，整个压缩时的图形与拉伸时相似，但压缩时的伸长率 δ 要比拉伸时的大，压缩时的强度极限 σ_{by} 约是拉伸时的 $3 \sim 4$ 倍。一般脆性材料的抗压能力显著高于抗拉能力。

铸铁受压缩时的断口与轴线的夹角约成 45°。其它脆性材料，如混凝土、石料等，抗压强度也远高于抗拉强度。

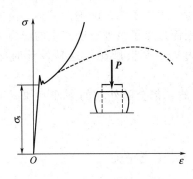

图 5-16　低碳钢压缩 σ-ε 曲线

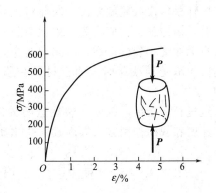

图 5-17　铸铁压缩 σ-ε 曲线

五、材料的塑性和脆性性能讨论

从拉伸或压缩试验中观察到的现象，可以比较一下低碳钢和铸铁的力学性能，并从中总结出塑性材料和脆性材料的某些适用场合。

第一，低碳钢受力后，在产生很大的塑性变形时才断裂，而铸铁在很小的变形下就会破坏。因此，低碳钢抗冲击载荷的能力较铸铁优越得多。此外，在装配时需要矫正形状的零件，采用低碳钢为宜。

第二，低碳钢的抗拉能力强，适用于受拉的场合；而铸铁则压缩强度远比拉伸强度高，且价格便宜，耐磨、易浇铸成型等，因此它适用于制作受压构件，如机床床身、机身底座和电动机外壳等。

第三，低碳钢由于有屈服阶段存在，故承受静载荷时对应力集中不敏感，起到缓和作用。

构件受简单拉伸（或压缩）时，当截面上无突然变化，且远离施力点的地方，其截面上的应力是均匀分布的。但如果在构件上有小孔、螺纹以及键槽等存在时，在这些截面突变的地方附近，应力局部增大，而离开这个区域稍远，应力急剧下降而趋于平缓，这种现象称为应力集中（图 5-18）。

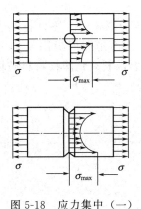

图 5-18　应力集中（一）

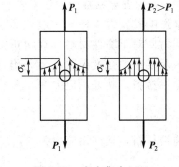

图 5-19　应力集中（二）

应力集中对于塑性材料影响不大，这是因为当最大应力达到屈服极限时，此处的最大应力 σ_{max} 将停止上升，而变形则继续增加。这样，截面上其它处小于屈服极限的应力，将因变形继续增加而不断提高，使整个截面上的应力趋于均匀，直至同样达到屈服极限为止。因此，对应力集中就起到了缓和作用（图 5-19）。

脆性材料没有屈服阶段，因此对于组织均匀的脆性材料来说，当最大应力 σ_{max} 达到强度极限时，构件就会在应力集中处逐渐裂开直至拉断。对于组织不均匀的脆性材料，由于其内部常有无数细小裂缝存在，本来就有应力集中现象，因而掩盖了由外形所产生的应力集中的影响。当承受动载荷时，塑性材料和脆性材料对应力集中都会敏感，这是设计时必须考虑的。

这里必须指出，强度和塑性这两种性质都是相对的，都会随外在的条件（如温度、变形、速度和载荷作用方式等因素）变化而转化。

第四节　许用应力及安全系数

一、危险应力和工作应力

由上节讨论可知，当塑性材料达到屈服极限 σ_s 时，脆性材料达到强度极限 σ_b 时，材料将产生较大塑性变形或断裂。工程上把材料丧失正常工作能力的应力，称为极限应力或危险应力，以 σ^0 表示。因此，对于塑性材料，$\sigma^0 = \sigma_s$；对于脆性材料，$\sigma^0 = \sigma_b$。

构件工作时，由载荷引起的应力称为工作应力。如前所述，杆件受轴向拉伸或压缩时，其横截面上的工作应力为 $\sigma = \dfrac{N}{A}$。显然，要保证构件能够安全工作，必须把构件的最大工作应力限制在构件材料的危险应力 σ^0 以下。

二、许用应力和安全系数

从生产的经济性考虑问题，为了充分利用材料的强度，理想的情况是最好使构件的工作应力接近材料的危险应力。但是由于载荷的大小往往估计不准确；构件的材料不可能绝对均匀，不能保证它和标准试件的力学性能完全相同。这样，构件的实际工作条件比理想情况要偏于不安全的一面。从确保安全考虑问题，构件材料应有适当的强度储备。特别那些一旦破坏会造成停产、人身或设备事故等严重后果的重要构件，更应该有较大的强度储备。为此，可把危险应力 σ^0 除以大于 1 的系数 n，作为材料的许用应力。许用应力以 $[\sigma]$ 表示，即

$$[\sigma] = \frac{\sigma^0}{n} \tag{5-10}$$

式中，n 为**安全系数**。对于塑性材料，当应力达到屈服极限 σ_s 时，零件将发生明显的塑性变形，影响其正常工作，一般认为这时材料已经破坏，因而把屈服极限 σ_s 作为塑性材料的极限应力。对于脆性材料，直到断裂也无明显的塑性变形，断裂是脆性材料破坏的唯一标志，因而断裂时的强度极限 σ_b 就是脆性材料的极限应力。

对塑性材料，其许用应力为

$$[\sigma] = \frac{\sigma_s}{n_s} \tag{5-11}$$

对脆性材料，其许用应力为

$$[\sigma] = \frac{\sigma_b}{n_b} \tag{5-12}$$

式中，n_s、n_b 分别为按屈服极限或强度极限规定的安全系数。

正确的选择安全系数是工程中一件非常重要的事。如果安全系数 n_s（或 n_b）偏大，则许用应力 $[\sigma]$ 低，构件安全，但用料过多，会增加设备的重量和体积；如果安全系数偏小，则许用应力 $[\sigma]$ 高，用料少，但构件偏危险。所以，安全系数的确定，是合理解决安全与经济矛盾的关键。

各种材料在不同的工作条件下的安全系数或许用应力，可从有关规范或设计手册中查到。一般机械制造进行强度计算时，对塑性材料 $n_s = 1.2 \sim 2.5$，对脆性材料，由于均匀性较差，且突然破坏有更大的危险性，所以取 $n_b = 2 \sim 3.5$。

第五节　拉(压)杆的强度计算

在进行强度计算中，为确保轴向拉伸（压缩）杆件有足够的强度，把许用应力作为杆件实际工作应力的最高限度，即要求工作应力不超过材料的许用应力。于是，强度条件为

$$\sigma = \frac{N}{A} \leqslant [\sigma] \tag{5-13}$$

式(5-13) 称为**拉伸或压缩的强度条件**。利用强度条件可以解决工程中以下三类强度计算问题。

一、强度校核

强度校核就是验算杆件的强度是否足够。当已知杆件横截面积 A、材料的许用应力 $[\sigma]$ 以及所受载荷，即可用强度条件式(5-13) 判断杆件是否安全工作。

二、设计截面尺寸

已知杆件所受载荷和所用材料（即已知力 N 和许用应力 $[\sigma]$），根据强度条件式(5-13) 可以确定该杆件所需的横截面积，其值为

$$A \geqslant \frac{N}{[\sigma]} \tag{5-14}$$

三、确定许可载荷

已知杆件的横截面积 A 和材料的许用应力 $[\sigma]$，根据强度条件式(5-13) 可以确定该杆件所能承受的最大轴力，其值为

$$N \leqslant [\sigma]A \tag{5-15}$$

并由此及静力学平衡关系确定机械或结构所能承受的最大载荷，即许可载荷。

下面举例说明强度条件的应用。

例 5-5　作用图 5-20 零件上的拉力 $P = 38\mathrm{kN}$，若材料的许用应力 $[\sigma] = 66\mathrm{MPa}$，试校核零件的强度。

解

（1）求最大正应力　零件两端受拉，所以在两个拉力作用面之间的每个截面上的轴力都等于拉力 P，因此最大正应力一定发生在面积最小的横截面上。

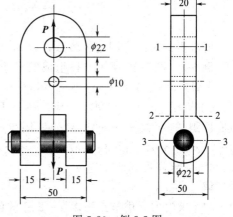

图 5-20　例 5-5 图

1—1 截面上的应力

$$\sigma_1 = \frac{P}{A_1} = \frac{38 \times 10^3}{(50-22) \times 20 \times 10^{-6}} = 67.86\mathrm{MPa}$$

2—2 截面上的应力

$$\sigma_2 = \frac{P}{A_2} = \frac{38 \times 10^3}{2 \times 15 \times 20 \times 10^{-6}} = 63.33\mathrm{MPa}$$

3—3 截面上的应力

$$\sigma_3 = \frac{P}{A_3} = \frac{38 \times 10^3}{(50-22) \times 15 \times 2 \times 10^{-6}} = 45.24\text{MPa}$$

所以最大拉应力在 1—1 截面上

$$\sigma_{max} = \sigma_1 = 67.86\text{MPa}$$

（2）强度校核　由上述计算可知，零件截面上的最大拉应力

$$\sigma_{max} = 67.86\text{MPa} > [\sigma] = 66\text{MPa}$$

但是，材料的许用应力本来就是有一定的安全系数的，在工程上，如果构件的最大应力超过其许用应力在 5% 范围之内，一般可认为构件的强度够用。

$$\sigma_{max} = 67.86\text{MPa} = 102.8\% [\sigma]$$

所以，此零件的强度够用。

例 5-6　某冷镦机的曲柄滑块机构如图 5-21(a) 所示。连杆 AB 接近水平位置时，镦压力 $P = 3.78\text{MN}(1\text{MN}=10^6\text{N})$。连杆横截面为矩形，高与宽之比 $\frac{h}{b} = 1.4$，材料为 45 钢，许用应力 $[\sigma] = 90\text{MPa}$，试设计截面尺寸 b 和 h。

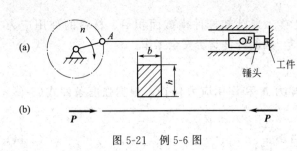

(a)

(b)

图 5-21　例 5-6 图

解　由于镦压时连杆 AB 近于水平，连杆所受压力近似等于镦压力 P，如图 5-21(b) 所示，轴力 $N = P = 3.78\text{MN}$。根据强度条件可得

$$A \geqslant \frac{N}{[\sigma]} = \frac{3.78}{90} \times 10^6 = 42000\text{mm}^2$$

以上运算中将力的单位换算为 N，应力的单位为 MPa 或 N/mm^2，故得到的面积单位就是 mm^2。

注意到连杆截面为矩形，且 $h = 1.4b$，故

$$A = bh = 1.4b^2 = 4.2 \times 10^4\text{mm}^2$$
$$b = 173.2\text{mm}; \quad h = 242.5\text{mm}$$

所求得的尺寸应圆整为整数，取 $b = 175\text{mm}$，$h = 245\text{mm}$。

例 5-7　图 5-22 所示二杆组成的杆系，AB 是钢杆，截面面积 $A_1 = 600\text{mm}^2$，钢的许用应力 $[\sigma] = 140\text{MPa}$，BC 是木杆，截面面积 $A_2 = 30000\text{mm}^2$，它的许用拉应力是 $[\sigma_l] = 8\text{MPa}$，许用压应力是 $[\sigma_y] = 3.5\text{MPa}$，求许可载荷 $[P]$。

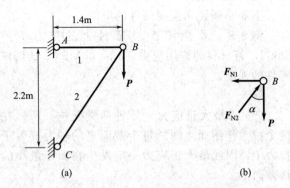

(a)

(b)

图 5-22　例 5-7 图

解

（1）求内力。用节点法求 1、2 杆的内力，受力如图 5-22(b) 所示。

$$\sum F_x = 0 \qquad -F_{N1} + F_{N2}\sin\alpha = 0$$
$$\sum F_y = 0 \qquad F_{N2}\cos\alpha - P = 0$$

解得

$$F_{N1} = P\tan\alpha; \quad F_{N2} = \frac{P}{\cos\alpha}$$

F_{N1} 与 F_{N2} 的实际方向与假设方向相同，1 杆受拉，2 杆受压。

（2）确定许可载荷。由杆 1 的强度条件得

$$F_{N1} \leqslant A_1 [\sigma]$$

$$Ptan\alpha \leqslant A_1[\sigma] = 600 \times 140N$$

解得

$$P \leqslant 132kN$$

由杆 2 的强度条件得

$$F_{N2} \leqslant A_2[\sigma_y]$$

$$\frac{P}{\cos\alpha} \leqslant A_2[\sigma_y] = 30000 \times 3.5N$$

解得

$$P \leqslant 88.6kN$$

（3）确定许可载荷。杆系的许可载荷必须同时满足 1、2 杆的强度要求，所以应取上述计算中小的值，即许可载荷为

$$[P] = 88.6kN$$

第六节　拉伸和压缩的超静定问题

在前面的讨论中，杆件的轴力可以用静力平衡条件求出，这种情况称为静定问题。但在工程上，有时为了节省材料，增加刚度和强度，或者由于某些实际的需要，而在原结构中增加一些构件或其它一些约束，这样就不能单靠静力平衡条件来解决。凡是未知力的数目多于静力平衡方程的数目，只凭静力平衡方程已不能求解出全部未知力的情况称为超静定问题。

如图 5-23 所示的杆系，1、2 两杆吊一重物 G，两杆所受的力通过静力平衡方程即可求得。为了提高图 5-23 所示结构的强度和刚度，可在中间增加一杆 [图 5-24(a)]。这时，三杆所受的力因只有平面汇交力系的两个平衡条件而不能求出。未知轴力与独立的平衡方程两者数目之差称为超静定次数。未知力个数比平衡方程多一个，称为一次超静定，多两个则为二次超静定问题。下面，即以此为例说明超静定问题的解法。

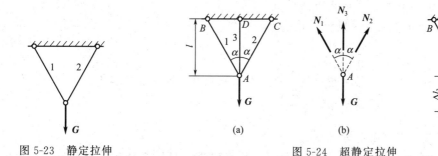

图 5-23　静定拉伸　　　　　图 5-24　超静定拉伸

设 1、2 两杆的长度、横截面积及材料均相同，即 $l_1 = l_2$，$A_1 = A_2$，$E_1 = E_2$；3 杆的长度为 l_3，横截面积为 A_3，弹性模量为 E_3，1、2 两杆与 3 杆的夹角均为 α，现讨论如何求出三根杆的轴力。

设 N_1、N_2、N_3 依次为三根杆的轴力。在节点 A 附近截出分离体如图 5-24(b) 所示。由平衡条件可知：

$$\sum F_x = 0 \qquad N_1\sin\alpha - N_2\sin\alpha = 0 \qquad\qquad (a)$$

$$\sum F_y = 0 \qquad N_3 + N_1\cos\alpha + N_2\cos\alpha - G = 0 \qquad\qquad (b)$$

欲由两个平衡方程确定三个未知力是不可能的。但是在重物 G 的作用下，三根杆之间的伸长保持一定的互相协调的几何关系。从图 5-24(c) 可以看到：由于 $E_1 = E_2$ 且左右对称，故 A 点必沿铅垂方向下降。设节点 A 位移到 A' 点，则 AA' 即 3 杆的伸长 Δl_3，由于一般情况下，结构的变形和其原有的几何尺寸相比甚小，因此，从 A' 作 AB 的垂线 $A'E$，代替以 B

为圆心、BE 为半径所画的圆弧。这样，AE 即为 1 杆的伸长量 Δl_1。同理可找出 2 杆的伸长 Δl_2。于是，得到下列的变形几何方程：

$$\Delta l_3 \cos\alpha = \Delta l_1 \tag{c}$$

另一方面，杆的伸长与轴力之间存在着物理关系，即虎克定律：

$$\Delta l = \frac{N_1 \frac{l_3}{\cos\alpha}}{E_1 A_1} ; \quad \Delta l_3 = \frac{N_3 l_3}{E_3 A_3} \tag{d}$$

将式（d）代入式（c）即可得到所需的补充方程：

$$\frac{N_3 l_3}{E_3 A_3}\cos\alpha = \frac{N_1 l_3}{E_1 A_1 \cos\alpha} \tag{e}$$

将（a）、（b）、（e）三式联立求解，得到：

$$N_1 = N_2 = \frac{G}{2\cos\alpha + \frac{E_3 A_3}{E_1 A_1 \cos^2\alpha}} \tag{f}$$

$$N_3 = \frac{G}{1 + 2\frac{E_1 A_1}{E_3 A_3}\cos^3\alpha} \tag{g}$$

综上所述，解决超静定问题的方法和步骤，可总结如下：第一，根据静力学平衡条件写出平衡方程；第二，根据变形协调条件列出变形几何方程；第三，根据力与变形之间的物理关系建立物理方程，利用物理方程即可将变形几何方程改写成所需的补充方程。

小　结

本章的重点是轴向拉压杆的应力、变形及强度计算。同时了解超静定问题的概念和求解超静定问题的方法。

（1）求拉（压）杆横截面上的内力及应力。

① 首先根据外力用截面法求轴力，作轴力图。

② 横截面上的正应力 $\sigma = \frac{N}{A}$。

（2）拉（压）杆的变形，轴向拉（压）杆的变形规律是由试验方法得到的。

$\Delta L = \frac{NL}{EA}$ 与 $\sigma = E\varepsilon$ 是不同形式的虎克定律。

（3）拉伸和压缩时材料的力学性能。

① 低碳钢的拉伸和压缩：应掌握比例极限、强度极限、屈服极限等及伸长率、断面收缩率。

② 铸铁的拉伸和压缩：应掌握铸铁与低碳钢力学性能的异同及它们破坏时现象的异同。

（4）求许用应力及安全系数。

① 塑性材料 $[\sigma] = \frac{\sigma_s}{n_s}$。

② 脆性材料 $[\sigma] = \frac{\sigma_b}{n_b}$。

（5）拉（压）杆的强度计算。

① 强度条件：工作应力 $\sigma = \frac{N}{A} \leqslant [\sigma]$。

② 运用强度条件可解决三类问题：校核强度、设计截面和确定许可载荷。

（6）拉伸和压缩的超静定问题。

① 根据平衡条件写出静力方程。

② 根据变形协调条件写出变形几何方程。

③ 根据力与变形间的物理关系建立物理方程，利用物理方程将变形几何方程改写成所需的补充方程。

思 考 题

5-1 什么是平面假设？它的作用如何？

5-2 虎克定律解决了材料力学中的什么问题？

5-3 低碳钢拉伸图和应力应变图的意义是什么？

5-4 什么是比例极限、弹性极限、屈服极限和强度极限？

5-5 E 和 μ 各代表什么物理意义？

5-6 应力集中发生在什么情况下？

5-7 什么是超静定问题？

习 题

5-1 试求图示各杆的轴力，作出轴力图，并指出轴力的最大值。

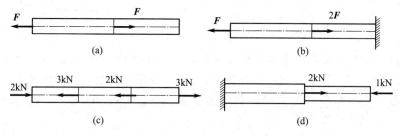

习题 5-1 图

5-2 试求图示各杆 1—1、2—2、3—3 截面上的轴力，并作轴力图。

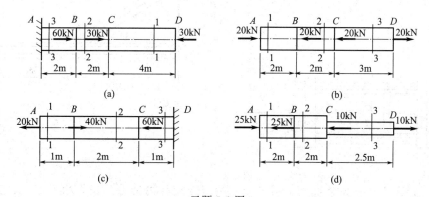

习题 5-2 图

5-3 已知等截面直杆的面积 $A=500\text{mm}^2$，受轴向力作用：$P_1=1000\text{N}$，$P_2=2000\text{N}$，$P_3=2000\text{N}$。试求杆中各段的应力。

5-4 拉伸试件材料为 20 钢，直径 $d=10\text{mm}$，标距 $L=50\text{mm}$。拉伸试验测得：拉力增量 $\Delta P=9000\text{N}$ 时相应的伸长增量 $\Delta(\Delta l)=0.028\text{mm}$，对应于屈服时的拉力 $P_b=32000\text{N}$，试件拉断后标距增长到 $L_1=62\text{mm}$，颈缩断口处的直径 $d_1=6.9\text{mm}$。试计算 20 钢的 E、σ_s、σ_b、δ、ψ 的数值。

5-5 对于题 5-2 中的（a）、（c）两图，试用叠加法计算杆的总伸长量 ΔL。已知 $A=$

习题 5-3 图

200mm^2，$E=200\text{GPa}$。提示：先考虑每一载荷单独作用下所引起的长度改变量，然后将它们代数相加，得到各载荷共同作用时长度改变量，此法称为叠加法。

5-6　图示阶梯形杆 AC，$F=10\text{kN}$，$l_1=l_2=400\text{mm}$，$A_1=2A_2=100\text{mm}^2$，$E=200\text{GPa}$，试计算杆 AC 的轴向变形 ΔL。

5-7　汽车离合器踏板如图所示。已知踏板受到压力 $Q=400\text{N}$，拉杆的直径为 9mm，杠杆臂长 $L=330\text{mm}$，$l=56\text{mm}$，拉杆的许用应力 $[\sigma]=50\text{MPa}$，校核拉杆的强度。

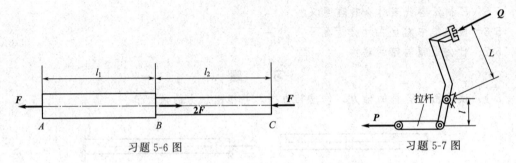

习题 5-6 图　　　　　　　　　　　习题 5-7 图

5-8　如图所示为某镗铣床工作台进给油缸，油压 $p=2\text{MPa}$，油缸内径为 75mm，活塞杆直径 $d=18\text{mm}$，已知活塞杆材料的许用应力 $[\sigma]=50\text{MPa}$，校核活塞杆强度。

5-9　某悬臂吊车结构如图所示，最大起重量 $G=20\text{kN}$，AB 杆为 Q235 圆钢，$[\sigma]=120\text{MPa}$，试设计 AB 杆直径 d。

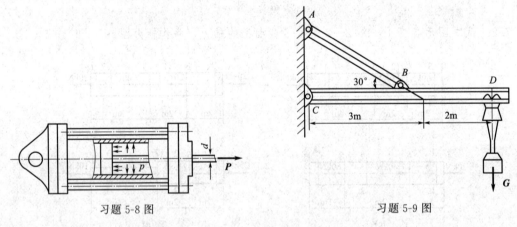

习题 5-8 图　　　　　　　　　　　习题 5-9 图

5-10　图示双杠杆夹紧机构，需产生一对 20kN 的夹紧力，试求水平杆 AB 及二斜杆 BC 和 BD 的横截面直径。已知：该三杆的材料相同，$[\sigma]=100\text{MPa}$，$\alpha=30°$。

5-11　图示由两种材料组成的圆杆，直径 $d=40\text{mm}$，杆的总伸长 $\Delta l=0.120\text{mm}$。钢和铜的弹性模量分别为 $E_{\text{钢}}=210\text{GPa}$，$E_{\text{铜}}=100\text{GPa}$。试求载荷 P 及在 P 力作用下杆内的 $\sigma_{\max}$。

5-12　BC 杆 $[\sigma]=160\text{MPa}$，AC 杆 $[\sigma]=100\text{MPa}$，两杆截面积均为 $A=200\text{mm}^2$，求许可载荷 $[P]$。

5-13　卧式拉床的油缸内径 $D=186\text{mm}$，活塞杆直径 $d_1=65\text{mm}$，$[\sigma]_{\text{杆}}=130\text{MPa}$。缸盖由六个 M20 的螺栓与钢体连接，M20 螺栓的小径 $d=17.3\text{mm}$，$[\sigma]=110\text{MPa}$。试按活塞

杆和螺栓的强度确定最大油压 p。

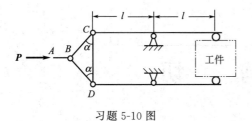

习题 5-10 图

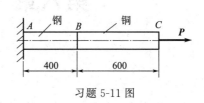

习题 5-11 图

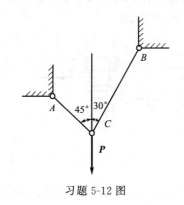

习题 5-12 图

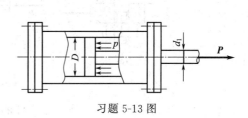

习题 5-13 图

5-14 在图示简易吊车中，BC 为钢杆，AB 为木杆。木杆 AB 的横截面积 $A_1 =$ 100cm^2，许用应力 $[\sigma]_1 = 7$MPa；钢杆 BC 的横截面积 $A_2 =$ 6cm^2，许用拉应力 $[\sigma]_2 = 160$MPa。试求许可吊重 P。

5-15 图示两端固定等截面直杆，横截面积为 A，承受轴向载荷 F 作用，试计算杆内横截面上的最大拉应力与最大压应力。

5-16 图示桁架，杆 1 与杆 2 的横截面均为圆形，直径分别为 $d_1 = 30$mm 与 $d_2 = 20$mm，两杆材料相同，许用应力 $[\sigma] = 160$MPa。该桁架在节点 A 处承受铅直方向的载荷 $F = 80$kN 作用，试校核桁架的强度。

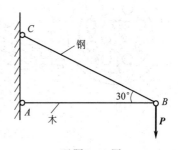

习题 5-14 图

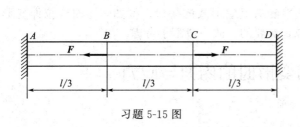

习题 5-15 图

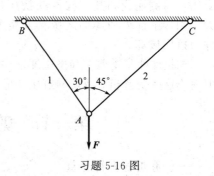

习题 5-16 图

第六章

剪　切

工程中经常见到承受剪切作用的构件。螺栓和键等连接件都属于这类构件，如图 6-1(a) 和 6-2(a) 所示。它们可简化成图 6-1(b) 和图 6-2(b) 的计算简图。

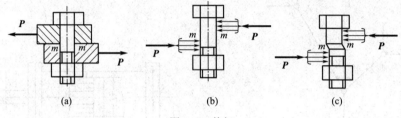

图 6-1　剪切

这类杆件受力的共同特点是：在构件的两侧面上受到大小相等、方向相反、作用线相距

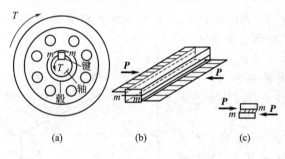

图 6-2　剪切和挤压

很近而且垂直于杆轴的外力的作用。在这样的外力作用下，杆件的主要变形是：以两力 **P** 间的横截面 *m—m* 为分界面，构件的两部分沿该面发生相对错动 [图 6-1(c)] 和 [图 6-2(c)]。构件的这种变形形式称为**剪切变形**，截面 *m—m* 称为**剪切面**，剪切面与外力的方向平行。当外力足够大时，构件将沿剪切面被剪断。图 6-1 中的螺栓和图 6-2 中的键，只有一个剪切面，称

为单剪切；图 6-4 中螺栓的中间部分有两个剪切面 [图 6-4(b)]，称为双剪切。同时构件受压，两侧还受到其它构件的挤压作用，这种局部表面受压的现象称为**挤压**。若压力较大，则接触面处的局部区域会发生显著的塑性变形，致使结构不能正常使用，这种现象称为**挤压破坏**。

连接件除了受剪切和挤压外，往往还伴随有其它形式的变形。例如，弯曲或拉伸变形。但由于这些变形相对剪切和挤压变形来说是次要的，故一般不予考虑。

第一节　剪切变形时的内力与应力

一、剪切的实用计算

以图 6-1(a) 所示的螺栓为例进行分析，其受力简图如图 6-3(a) 所示，图中以合力 *P* 代替均匀分布的作用力。由于螺栓的剪切变形为截面的相对错动，因此抵抗这种变形的内力必然是沿着错动的反方向作用的。仍用截面法求内力。将螺栓假想地沿剪切面 *m—m* 切开，取左边部分来研究 [图 6-3(b)]，由这一部分的平衡可知，在截面 *m—m* 上必有一个与该截面平行的内力 *Q*，称为**剪力**。根据静力平衡条件得

$$\sum F_y = 0 \qquad P - Q = 0$$
$$P = Q$$

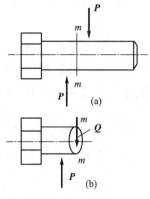

图 6-3　截面法

Q 与剪切面 m—m 相切，用同样的方法也可以求出在图 6-2(c) 中键截面 m—m 上的剪力。

像求直杆拉伸（压缩）时横截面上的应力一样，求得剪力 Q 以后，应进一步计算剪切面上的应力。由于剪力 Q 平行于剪切面，所以，在剪切面上，材料的颗粒之间会发生相对错动，由此可推断剪切面上的应力必然与剪切面平行，但是应力分布比较复杂，工程上为了简便，常采用以试验、经验为基础的"实用计算法"，即近似认为应力在剪切面内均匀分布。设剪切面的面积为 A，则剪切面上的平均应力 τ 与剪切面相切，称为**切应力**，其单位与正应力 σ 相同，即 N/mm^2（$=MN/m^2$），简写为 MPa。

$$\tau = \frac{Q}{A} \tag{6-1}$$

二、剪切强度条件

为了保证受剪切构件在工作时安全可靠，应将构件的工作剪力限制在材料的许用切应力之内。由此得剪切强度条件为

$$\tau = \frac{Q}{A} \leqslant [\tau] \tag{6-2}$$

式中，$[\tau]$ 为材料的许用切应力，其大小等于材料的剪切极限应力除以安全系数。常用材料剪切许用应力 $[\tau]$ 可从有关设计手册查得，对于金属也可按如下的经验公式确定：

塑性材料　　　　　　　　　$[\tau] = (0.6 \sim 0.8)[\sigma_l]$
脆性材料　　　　　　　　　$[\tau] = (0.8 \sim 1.0)[\sigma_l]$

式中，$[\sigma_l]$ 为材料的许用拉应力。

以上分析的受剪构件只有一个剪切面，实际问题中有些零件往往有两个面承受剪切，图 6-4 所示的螺栓就是双剪切的实例。

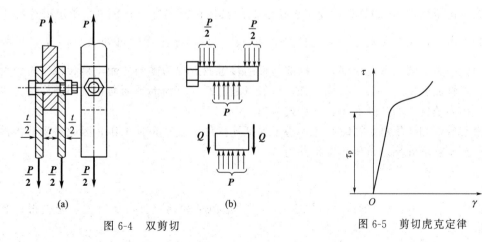

图 6-4　双剪切　　　　　　　　　　　　图 6-5　剪切虎克定律

通过受力分析，用截面法截出中间部分，如图 6-4(b) 所示，由平衡条件可知

$$Q = \frac{F}{2}$$

若螺栓杆部的横截面积为 A，则切应力为

$$\tau = \frac{Q}{A} = \frac{F}{2A}$$

三、剪切虎克定律

与拉伸试验类似，在剪切试验中，当切应力 τ 不超过材料的剪切极限 τ_p 时，切应力 τ 与切应变 γ 成正比（图 6-5）。这一关系称为剪切虎克定律。其表达式为

$$\tau = G\gamma \tag{6-3}$$

式中，G 为材料的切变模量，它表示材料抵抗剪切变形的能力，其量纲与应力相同。

可以证明，对于各向同性材料，材料的三个弹性常数 G、E、μ 之间存在着下列关系：

$$G = \frac{E}{2(1+\mu)} \tag{6-4}$$

可见，三个弹性常数中只要知道其中任意两个，另一个即可由式（6-4）确定，也就是说，三个弹性常数中只有两个是独立的。一般均以拉伸试验测定 E 值，再按式（6-4）计算求出 G，而不进行剪切试验。

第二节 挤压的概念与实例

在前面已讲过，连接件除承受剪切外，在连接件和被连接件的接触面上还将承受挤压。在图 6-2 所示的键连接中，键左侧的上半部分与轮毂相互挤压，键右侧的下半部分与轴槽相互挤压。构件上产生挤压变形的表面称为**挤压面**。挤压面就是两构件的接触面，一般垂直于外力的作用线。

挤压作用引起的应力称为**挤压应力**（它就是挤压面上是压强），用 σ_{jy} 表示。挤压应力与压缩应力不同，挤压应力只分布于两构件相互接触的局部区域，而压缩应力则遍及整个构件的内部。挤压应力在挤压面上的分布也很复杂，工程中，近似认为挤压应力在挤压面上均匀分布。如用 P 为挤压面上的作用力，称为挤压力，A_{jy} 为挤压面积，则

$$\sigma_{jy} = \frac{P}{A_{jy}} \tag{6-5}$$

关于挤压面积 A_{jy} 的计算，要根据接触面的具体情况确定。在图 6-2 所示键连接中，挤压面为平面，挤压面积就是传力的接触面积，由键槽的基本参数可知 $A_{jy} = \frac{h}{2}l$。螺栓、铆钉、销钉一类的圆柱形连接件，其杆部与板的接触面近似为半圆柱面，最大挤压应力发生于圆柱形接触面的中点。为了简化计算，一般取通过圆柱直径的平面面积（即圆柱的正投影面面积）作为挤压面的计算面积，计算式为 $A_{jy} = dt$。

由于剪切和挤压总是同时存在，为了保证连接件能安全正常工作，因此对受剪构件还必须进行挤压强度计算。挤压强度条件为

$$\sigma_{jy} = \frac{P}{A_{jy}} \leqslant [\sigma_{jy}] \tag{6-6}$$

式中，$[\sigma_{jy}]$ 为材料的许用挤压应力，其数值由试验确定，可从有关手册查得，对于钢材一般可取

$$[\sigma_{jy}] = (1.7 \sim 2.0)[\sigma_l]$$

例 6-1 图 6-6（a）所示连接件中，已知 $P = 200\text{kN}$，$t = 20\text{mm}$，螺栓 $[\tau] = 80\text{MPa}$，$[\sigma_{jy}] = 200\text{MPa}$（暂不考虑板的强度），求所需螺栓的最小直径。

解 螺栓受力情况如图 6-6（b）所示，可求得

$$Q = \frac{P}{2}$$

先按剪切强度设计：

$$A = \frac{\pi d^2}{4} \quad (\text{设螺栓直径为 } d)$$

$$\tau = \frac{Q}{A} = \frac{2P}{\pi d^2} \leqslant [\tau]$$

$$d \geqslant \sqrt{\frac{2P}{\pi[\tau]}} = \sqrt{\frac{2 \times 200 \times 10^3}{\pi \times 80}} = 39.9\text{mm}$$

再用挤压强度条件设计，挤压力为 P，$A_{jy} = dt$，所以

$$\sigma_{jy} = \frac{P}{A_{jy}} = \frac{P}{dt} \leqslant [\sigma_{jy}]$$

$$d \geqslant \frac{P}{t[\sigma_{jy}]} = \frac{200 \times 10^3}{20 \times 200} = 50\text{mm}$$

最后得到螺栓的最小直径为 50mm。

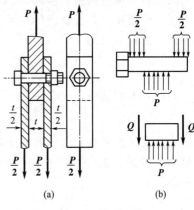

图 6-6　例 6-1 图

例 6-2　图 6-7(a) 所示为铆接接头，板厚 $t = 2\text{mm}$，板宽 $b = 15\text{mm}$，板端部长 $a = 8\text{mm}$，铆钉直径 $d = 4\text{mm}$，拉力 $P = 1.25\text{kN}$，材料的许用切应力 $[\tau] = 100\text{MPa}$，许用挤压应力 $[\sigma_{jy}] = 300\text{MPa}$，许用拉应力 $[\sigma] = 160\text{MPa}$。试校核此接头的强度。

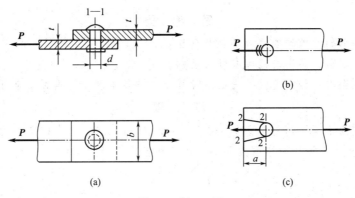

图 6-7　例 6-2 图

解

(1) 接头强度分析：整个接头的强度问题包含铆钉的剪切与挤压强度，拉板钉孔处的挤压强度，拉板端部纵截面 [图 (c) 中的 2—2 截面] 处的剪切强度以及拉板在钉孔处的拉伸强度四种情形。但是若端部长度 a 大于或等于铆钉直径 d 的两倍，则钉孔后面拉板纵截面的剪切强度是安全的，不会被"豁开"，所以只讨论三种情形下的强度计算。

(2) 铆钉剪切与挤压强度计算：铆钉的剪切面为 1—1 截面 [图 6-7(a)]，其上剪力为

$$Q = P$$

由式(6-1) 和式(6-2) 得

$$\tau = \frac{Q}{A} = \frac{4 \times 1.25 \times 10^3}{\pi \times 4^2} = 99.5\text{MPa} < [\tau]$$

铆钉所受的挤压力为 P，有效挤压面积为 $A_{jy} = dt$。根据式(6-5) 和式(6-6)

$$\sigma_{jy} = \frac{P}{A_{jy}} = \frac{1.25 \times 10^3}{4 \times 2} = 156\text{MPa} < [\sigma_{jy}]$$

因拉板与铆钉的材料相同，故其挤压强度计算与铆钉相同。

（3）拉板销钉孔处截面的拉伸强度计算：拉板削弱处［图 6-7(b)］的截面面积为 $A=t(b-d)$，故拉应力为

$$\sigma=\frac{P}{A}=\frac{1.25\times10^3}{2\times(15-4)}=56.8\text{MPa}<[\sigma]$$

因此，本例接头是安全的。

小 结

本章在举出剪切实例的基础上提出切应力的概念。计算内力所用的方法仍是截面法。计算切应力和挤压应力的方法是一种半经验半理论的方法（实用计算法），所得的应力计算公式分别为

$$\tau=\frac{Q}{A};\quad\sigma_{jy}=\frac{P}{A_{jy}}$$

剪切和挤压的强度条件分别为

$$\frac{Q}{A}\leqslant[\tau];\quad\frac{P}{A_{jy}}\leqslant[\sigma_{jy}]$$

剪切和挤压强度计算的关键在于受力分析。剪力和受剪面均平行于引起剪切的外力；挤压面则在受剪面侧面，垂直于挤压力。当有几个受剪面时，最好先求出每个受剪面内的剪力，然后计算切应力，再进行强度计算；当有几个挤压面时则需分别进行比较，按其中最不利的情况进行强度计算。

思 考 题

6-1 什么是剪切？剪切变形的特征是什么？

6-2 单剪与双剪、挤压与压缩有什么区别？

6-3 什么是实用计算？连接件用实用计算方法进行强度设计是否安全可靠？

习 题

6-1 试校核图示连接销钉的剪切强度。已知 $P=100\text{MPa}$，销钉直径 $d=30\text{mm}$，材料的许用切应力 $[\tau]=60\text{MPa}$，若强度不够，应改用多大直径的销钉？

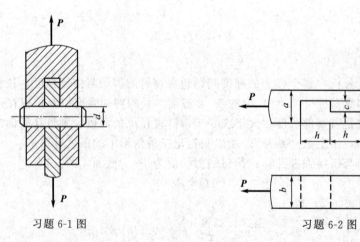

习题 6-1 图   习题 6-2 图

6-2 木榫接头如图所示，$a=b=12\text{cm}$，$h=35\text{cm}$，$c=4.5\text{cm}$，$P=40\text{kN}$。试求接头的剪切和挤压应力。

6-3 用夹剪剪断直径为 3mm 的铅丝。若铅丝的极限切应力为 100MPa，试求所需的力

P。若销钉 B 的直径为 8mm，试求销钉内的切应力。

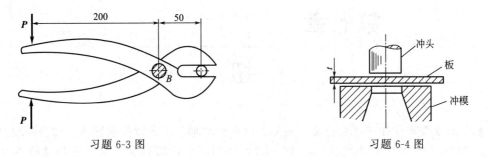

习题 6-3 图　　　　　　　　　习题 6-4 图

6-4 冲床的最大冲压力为 400kN，冲头材料的 $[\sigma]=440$MPa，被冲剪钢板的极限切应力 $\tau^0=360$MPa，求在最大冲压力作用下所能冲剪的圆孔的最小直径 $d_{\min}$，以及这时所能冲剪的钢板的最大厚度 $t_{\max}$。

6-5 图示接头，承受轴向载荷 F 作用，试校核接头的强度。已知：载荷 $F=80$kN，板宽 $b=80$mm，板厚 $\delta=10$mm，铆钉直径 $d=16$mm，许用拉应力 $[\sigma]=160$MPa，许用切应力 $[\tau]=120$MPa，许用挤压应力 $[\sigma_{bs}]=340$MPa。板件与铆钉的材料相等。（提示：考虑铆钉的剪切及挤压强度和板件的抗拉强度。）

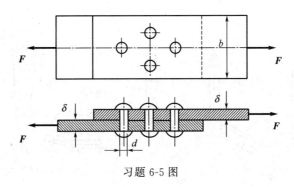

习题 6-5 图

第七章

扭　转

机械中的轴类零件往往承受扭转。例如，汽车传动轴、方向盘传动轴等。轴的两端在这样一对大小相等、转向相反、作用面与轴线垂直的力偶作用下，轴的各截面都绕轴线发生相对转动（图 7-1），这种变形称为**扭转变形**。

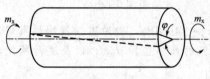

图 7-1　扭转

由图 7-1 可以看出，杆的扭转变形具有如下特点。

受力：在杆的两端垂直于杆轴线的平面内作用着两个力偶，其力偶矩相等，转向相反。

变形：杆上各个横截面均绕杆的轴线发生相对转动。任意两个横截面之间相对转过的角度称为相对扭转角。

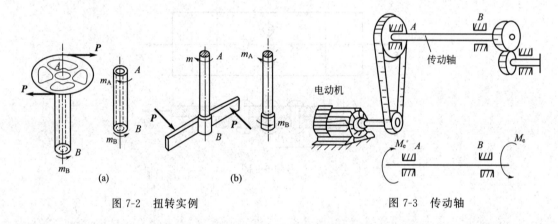

图 7-2　扭转实例

图 7-3　传动轴

驾驶员的两手在方向盘上的平面内各施加一个大小相等、方向相反、作用线平行的力 P ［图 7-2(a)］，它们形成一个力偶，作用在操纵杆的 A 端，而在操纵杆的 B 端则受到来自转向器的反力偶的作用，这样操纵杆便受到扭转作用。搅拌器主轴［图 7-2(b)］、传动轴（图 7-3）等构件都伴有扭转问题。以扭转变形为主要变形的受力构件称为**轴**。工程上轴的横截面多采用圆形截面，即为**圆轴**。

本章只研究等截面圆轴扭转时的外力、内力、应力和变形，并讨论轴的强度计算和刚度计算。

第一节　扭矩和扭矩图

一、外力偶矩的计算

前面已经指出，使轴产生扭转变形的是外力偶矩。但是作用于轴上的外力偶矩往往不是直接给出的，而是给定轴所传递的功率 P(kW) 和轴的转速 n(r/min)。由功率、转速来计算外力偶矩的公式为

$$m = 9550 \frac{P}{n} \ (\text{N} \cdot \text{m}) \qquad\qquad (7\text{-}1)$$

应当注意：在确定某个力偶矩 m 的方向时，凡输入功率的齿轮、带轮作用的转矩为主动力偶矩，m 的方向与轴的转向一致；凡输出功率的齿轮、带轮作用的转矩为阻力偶矩，m 的方向与轴的转向相反。

二、扭矩、扭矩图

圆轴在外力偶作用下发生扭转变形时，其横截面上将产生内力。求内力的方法仍用截面法。现以图 7-4(a) 所示的圆轴为例，假想地将圆轴沿 $m\text{—}m$ 截面分成两部分，任取其中一部分，如取 Ⅰ 部分作为研究对象 [图 7-4(b)]。由于整个轴是平衡的，所以 Ⅰ 部分也处于平衡，轴上已知的外力偶矩为 M，因为力偶只能用力偶来平衡，显然截面上的内力合成的结果应是一个内力偶矩，以符号 T 表示，方向如图所示，其大小由平衡条件得

$$\sum m = 0 \qquad T - M = 0$$
$$T = M$$

T 称为 $m\text{—}m$ 截面上的扭矩，它是 Ⅰ、Ⅱ 部分在 $m\text{—}m$ 截面上相互作用的分布内力系的合力偶矩。如果取 Ⅱ 部分为研究对象 [图 7-4(c)]，可得到相同结果，只是扭矩 M 的方向相反。

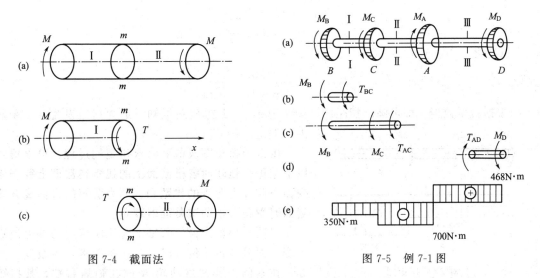

图 7-4　截面法　　　　　　　　　　图 7-5　例 7-1 图

扭矩正负号规定如下：用右手螺旋法则将扭矩表示为矢量，即右手的四指弯曲方向表示扭矩的转向，大拇指表示扭矩矢量的指向，若大拇指指向背离横截面，则扭矩为正；若大拇指指向朝向横截面，则扭矩为负。例如图 7-4 中，Ⅰ 部分或 Ⅱ 部分的 $m\text{—}m$ 截面上的扭矩都为正。

当轴上作用有两个以上的外力偶时，其各段截面上的扭矩是不相等的，这时需分段应用截面法和平衡条件求出扭矩。为了将各段的扭矩清楚地表示出来，也像拉伸（压缩）问题中画轴力图一样，用图线表示扭矩沿轴线变化的情况。用横轴表示横截面的位置，纵轴表示相应截面上的扭矩，这种描绘扭矩沿轴线变化规律的图线称为**扭矩图**。下面举例说明扭矩的计算和扭矩图的画法。

例 7-1　传动轴如图 7-5(a) 所示。主动轮 A 输入功率 $N_A = 36.75\text{kW}$，从动轮 B、C、D 输出功率分别为 $N_B = N_C = 11\text{kW}$、$N_D = 14.7\text{kW}$，轴的转速为 $n = 300\text{r/min}$。试画出轴的扭矩图。

解

（1）计算外力偶矩：由于给出功率以 kW 为单位，根据式(7-1)：

$$M_A = 9550 \frac{N_A}{n} = 9550 \times \frac{36.75}{300} = 1170 \text{N} \cdot \text{m}$$

$$M_B = M_C = 9550 \frac{N_B}{n} = 9550 \times \frac{11}{300} = 350 \text{N} \cdot \text{m}$$

$$M_D = 9550 \frac{N_D}{n} = 9550 \times \frac{14.7}{300} = 468 \text{N} \cdot \text{m}$$

（2）计算扭矩：由图知，外力偶矩的作用位置将轴分为三段，即 BC、CA、AD，现分别在各段中任取一横截面，也就是用截面法，根据平衡条件计算其扭矩。

BC 段：以 T_{BC} 表示截面Ⅰ-Ⅰ上的扭矩，并任意地把 T_{BC} 的方向假设为图 7-5(b) 所示，根据平衡条件 $\sum m = 0$ 得

$$T_{BC} + M_B = 0$$

$$T_{BC} = -M_B = -350 \text{N} \cdot \text{m}$$

结果的负号说明实际扭矩的方向与所设的相反，应为负扭矩。BC 段内各截面上的扭矩不变，均为 350N・m。所以这一段内扭矩图为一水平线。

CA 段 ［图 7-5(c)］：

$$M_C + M_B + T_{AC} = 0$$

$$T_{AC} = -M_C - M_B = -700 \text{N} \cdot \text{m}$$

AD 段 ［图 7-5(d)］：

$$T_{AD} - M_D = 0$$

$$T_{AD} = M_D = 468 \text{N} \cdot \text{m}$$

根据所得数据，即可画出扭矩图 ［图 7-5(e)］。由扭矩图可知，最大扭矩发生在 CA 段内，$T_{max} = 700 \text{N} \cdot \text{m}$。

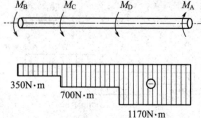

350N・m
700N・m
1170N・m

图 7-6 扭矩图

由以上扭矩图及截面法求扭矩的过程，可以得到以下结论：**扭转时各横截面上的扭矩在数值上等于该截面一侧外力偶矩的代数和，外力偶矩的方向离开该截面时取正，指向该截面时取负。**

对同一根轴来说，若轴上各轮所传递的外力偶矩不变，而调换各轮位置时，其扭矩图将发生改变。例如，在本例中若把主动轮 A 放在轴的右端，其扭矩图将如图 7-6 所示。这时轴的最大扭矩是 $T_{max} = 1170 \text{N} \cdot \text{m}$。可见，传动轴上的主动轮和从动轮安置的位置不同，轴所承受的最大扭矩也就不同。两者比较，图 7-5 布局比较合理。

第二节　圆轴扭转时横截面上的应力和强度条件

一、横截面上切应力计算公式

圆轴扭转时，在已知横截面上的扭矩后，还应进一步研究横截面上的应力分布规律，以便求出最大应力。要解决这一问题，需应用"三关系法"，即根据变形现象找出变形几何关系；利用物理关系找出应力分布规律；利用静力学关系导出应力计算公式。下面就按上述思路研究圆轴扭转时横截面上的应力。

1. 变形几何关系

用容易变形的泡沫塑料制作一圆轴模型，在圆轴表面上画出纵向线和圆周线〔图7-7(a)〕。在圆轴两端施加力偶矩 T，可以看到表层的变化现象：各圆周线的形状、尺寸和间距保持不变，只是绕轴线相对地旋转了一个微小角度；所有纵向线都倾斜同一角度，小方格变成菱形〔图7-7(b)〕。

根据上述观察到的现象，得出圆轴扭转时的基本假设：圆轴扭转变形后，横截面仍保持平面，且其形状和大小及两相邻横截面间的距离保持不变；半径仍保持为直线，即横截面刚性地绕轴线作相对转动。这就是圆轴扭转的**平面假设**。

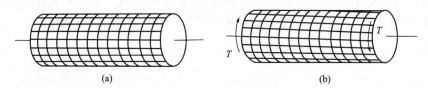

图7-7 扭转变形

若沿某横截面将圆轴截开〔图7-8(a)〕，截面上扭矩为 T，图7-8(b) 显示了相邻 dx 的两个横截面 m—m 和 n—n 的变形情况，再用两径向截面从中截出一楔形体〔图7-8(c)〕。

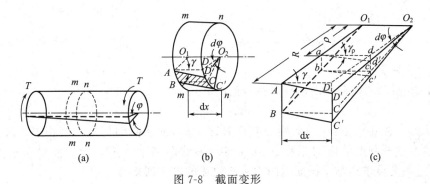

图7-8 截面变形

根据平面假设，扭转时横截面绕轴线只作刚性相对转动，相距 dx 的两横截面转过的角度为 $d\varphi$，此时横截面上的半径 O_2C、O_2D 也转过同样的角度 $d\varphi$，变形前圆轴表面上的矩形 $ABCD$ 则变成平行四边形 $ABC'D'$。

设圆轴横截面的半径为 R，则 CD 边相对错动的距离为

$$DD' = Rd\varphi$$

从而得到圆轴表面原直角的角度改变量为

$$\gamma \approx \tan\gamma = \frac{DD'}{AD} = \frac{Rd\varphi}{dx}$$

这就是圆截面边缘处 A 点的切应变。同理，在距圆心为 ρ 处的切应变为

$$\gamma_\rho = \rho\frac{d\varphi}{dx} \tag{7-2}$$

显然，切应变 γ、γ_ρ 均发生在垂直于半径 O_2D 的平面内。

$\frac{d\varphi}{dx}$ 在同一截面上为常数，式(7-2)表示在横截面上任一点处的切应变与该点到圆心的距离 ρ 成正比。

扭转角 φ 表示左右两端截面相对转过的角度。其单位用 rad 表示。

2. 物理关系

由上面的分析可知，在圆轴的横截面上只存在与半径垂直的切应力，若已求得横截面上任意点处的切应变，则相应点处的切应力由剪切虎克定律可得

$$\tau_\rho = G\gamma_\rho$$

将式（7-2）代入上式得

$$\tau_\rho = G\rho \frac{d\varphi}{dx} \tag{7-3}$$

式（7-3）表明：横截面上任意点处的切应力 τ_ρ 与该点到圆心的距离 ρ 成正比。因而距圆心等距离的所有点处切应力都相等，方向与过该点的半径垂直。其分布规律如图 7-9 所示。半径为零处（即圆心），切应力等于零，而最大切应力在圆截面的周边各点上。

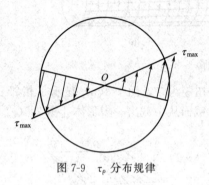

图 7-9　τ_ρ 分布规律

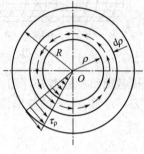

图 7-10　微分面积

3. 静力学关系

在图 7-10 所示的横截面内取环形微分面积 dA，则

$$dA = 2\pi\rho d\rho$$

可以认为，在 dA 内任一点到圆心的距离皆为 ρ，故各点的切应力均相等，且垂直于过各点的半径。这样 dA 的内力系在任何方向投影的总和皆为零，最后归结为一个微力偶 $\rho\tau_\rho dA$。通过积分可求出整个截面上内力系所组成的内力偶矩为

$$\int_A \rho\tau_\rho dA = T$$

将式（7-3）代入上式，并注意到当在某一给定的截面上积分时，G 和 $\dfrac{d\varphi}{dx}$ 均为常量，故

$$T = \int_A \rho\tau_\rho dA = \int_A \rho G\rho \frac{d\varphi}{dx} dA = G\frac{d\varphi}{dx} \int_A \rho^2 dA$$

令 $I_p = \int_A \rho^2 dA$，I_p 只与横截面的尺寸有关，称为横截面对 O 点的**极惯性矩**，其量纲为 m^4 或 mm^4。故上式可写为

$$T = GI_p \frac{d\varphi}{dx} \tag{7-4}$$

从式（7-3）和式（7-4）中消去 $\dfrac{d\varphi}{dx}$，即可求得

$$\tau_\rho = \frac{T\rho}{I_p} \tag{7-5}$$

此式（7-5）即为圆轴扭矩时横截面上任一点切应力的计算公式。

由式（7-5）看出，当 ρ 等于横截面半径 R 时，切应力最大，其值为

$$\tau_{max} = \frac{TR}{I_p}$$

令 $W_p = \dfrac{I_p}{R}$，W_p 称**抗扭截面系数**，单位为 m^3 或 mm^3。

于是横截面上最大切应力为

$$\tau_{max} = \frac{T}{W_p} \tag{7-6}$$

4. 极惯性矩和抗扭截面系数的计算

实心圆轴如图 7-10 所示，将 $dA = 2\pi\rho d\rho$ 代入 $I_p = \int_A \rho^2 dA$ 得

$$I_p = \int_A \rho^2 dA = 2\pi \int_0^R \rho^3 d\rho = \frac{\pi R^4}{2} = \frac{\pi D^4}{32} \tag{7-7}$$

式中，D 为圆截面的直径。

实心圆轴的抗扭截面系数为

$$W_p = \frac{I_p}{R} = \frac{\pi R^3}{2} = \frac{\pi D^3}{16} \tag{7-8}$$

空心圆轴如图 7-11 所示，在半径 ρ 处，取厚度为 $d\rho$ 的环形微面积 $dA = 2\pi\rho d\rho$，按横截面对形心的极惯性矩定义，有

$$I_p = \int_A \rho^2 dA = 2\pi \int_{d/2}^{D/2} \rho^3 d\rho = \frac{\pi}{32}(D^4 - d^4) = \frac{\pi D^4}{32}(1 - \alpha^4) \tag{7-9}$$

空心圆轴的抗扭截面系数为

$$W_p = \frac{I_p}{R} = \frac{\pi}{16D}(D^4 - d^4) = \frac{\pi D^3}{16}(1 - \alpha^4) \tag{7-10}$$

式中，$\alpha = \dfrac{d}{D}$ 为横截面内外径之比。

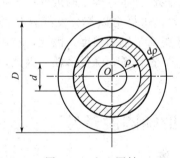

图 7-11 空心圆轴

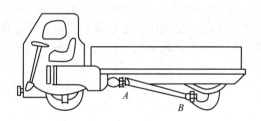

图 7-12 例 7-2 图

二、圆轴扭转时的强度计算

为了保证受扭圆轴能正常工作，不会因强度不足而破坏，其强度条件为：最大工作应力 τ_{max} 不超过材料的许用切应力 $[\tau]$，即

$$\tau_{max} = \frac{T}{W_p} \leqslant [\tau] \tag{7-11}$$

式中，T 和 W_p 分别为危险截面上的扭矩和抗扭截面系数。

对阶梯轴来说，各段的抗扭截面系数 W_p 不同，因此要确定其最大工作应力 τ_{max}，必须综合考虑扭矩 T 和 W_p 两种因素。

例 7-2 如图 7-12 所示汽车传动轴 AB，由 45 钢无缝钢管制成，该轴的外径 $D = 90mm$，壁厚 $t = 2.5mm$，工作时的最大扭矩 $T = 1.5kN \cdot m$，材料的许用切应力 $[\tau] = 60MPa$。求 (1) 试校核 AB 轴的强度；(2) 将 AB 轴改为实心轴，试在强度相同的条件下，确定轴的直

径，并比较实心轴和空心轴的重量。

解

（1）校核 AB 轴的强度：

$$\alpha = \frac{d}{D} = \frac{D-2t}{D} = \frac{90-2\times 2.5}{90} = 0.944$$

$$W_p = \frac{\pi D^3}{16}(1-\alpha^4) = \frac{\pi \times 90^3}{16} \times (1-0.944^4) = 29400\,\text{mm}^3$$

轴的最大切应力为

$$\tau_{max} = \frac{T}{W_p} = \frac{1500}{29400\times 10^{-9}} = 51\times 10^6\,\text{N/m}^2 = 51\,\text{MPa} \leqslant [\tau]$$

故 AB 轴满足强度要求。

（2）确定实心轴的直径：按题意，要求设计的实心轴应与原空心轴强度相同，因此要求实心轴的最大切应力也应该是 $\tau_{max} = 51\,\text{MPa}$。设实心轴的直径为 D_1，则

$$\tau_{max} = \frac{T}{W_p} = \frac{1500}{\frac{\pi}{16}D_1^3} = 51\times 10^6$$

$$D_1 = \sqrt[3]{\frac{1500\times 16}{\pi \times 51\times 10^6}} = 0.0531\,\text{m} = 53.1\,\text{mm}$$

在两轴长度相同、材料相同的情况下，两轴重量之比等于其横截面积之比，即

$$\frac{A_{空}}{A_{实}} = \frac{90^2-85^2}{53.1^2} = 0.31$$

上述结果表明，在载荷相同的条件下，空心轴所用材料只是实心轴的 31%，因而节省了 2/3 以上的材料。这是因为横截面上的切应力沿半径线性分布，圆心附近的应力很小，材料没有充分发挥作用。若把轴心附近的材料向边缘移置，这样可以充分发挥材料的强度性能；也可以使轴的抗扭截面系数大大增加，从而有效地提高了轴的强度。因此，在用料相同的条件下，空心轴比实心轴具有更高的承载能力，而且节省材料，降低消耗。因此，工程上较大尺寸的传动轴常被设计为空心轴。

第三节　圆轴扭转时的变形和刚度条件

一、圆轴扭转时的变形计算

扭转变形的标志是两个横截面绕轴线的相对转角 φ，即扭转角。由式（7-4）得

$$\mathrm{d}\varphi = \frac{T}{GI_p}\mathrm{d}x$$

式中，$\mathrm{d}\varphi$ 为相距为 $\mathrm{d}x$ 的两横截面间的相对扭转角。因此长为 L 的两个横截面之间的相对转角为

$$\varphi = \int_L \mathrm{d}\varphi = \int_0^L \frac{T}{GI_p}\mathrm{d}x$$

当杆只在两端受一对外力偶作用时，则所有横截面上的 T 均相等，又对于同一种材料制成的等直圆杆 GI_p 为常量，于是将上式积分后得

$$\varphi = \frac{TL}{GI_p} \tag{7-12}$$

式中，GI_p 为圆轴的抗扭刚度；φ 为长为 L 的等直圆轴的扭转角。

若在需求相对扭转角的两截面间，T 值发生改变，或者轴为阶梯轴，I_p 并非常量，则应分段计算各段的扭转角，然后相加，即

$$\varphi = \sum_{i=1}^{n} \frac{T_i L_i}{G I_{pi}} \tag{7-13}$$

注意，上述扭转变形的计算公式是建立于剪切虎克定律基础上的，故式(7-12)、式(7-13) 只有在材料处于弹性范围内才是正确的。

二、圆轴扭转时的刚度计算

在机械设计中，为使轴能正常工作，除了满足强度要求外，往往还要考虑它的变形情况。例如车床的丝杠，扭转变形过大，会影响螺纹的加工精度；镗床的主轴扭转变形过大，将会产生剧烈的振动而影响加工精度；发动机的凸轮轴，扭转变形过大，会影响气门的启闭时间的准确性等。所以，轴还应该满足刚度要求。

由式(7-12) 表示的扭转角与轴的长度 L 有关，为了消除长度的影响，通常取单位长度上的扭转角 θ 来表示扭转变形的程度，即

$$\theta = \frac{\varphi}{L} = \frac{T}{G I_p} \tag{7-14}$$

式中，θ 为单位长度的扭转角，单位为 rad/m。

为了保证轴的刚度，工程上规定单位长度扭转角不得超过规定的许用扭转角，故轴的刚度条件可表示为

$$\theta_{max} = \frac{T_{max}}{G I_p} \leqslant [\theta] \, (\text{rad/m}) \tag{7-15}$$

在工程中，$[\theta]$ 的单位习惯上用 (°)/m。故把式(7-14) 中的弧度换算为度，得

$$\theta_{max} = \frac{T_{max}}{G I_p} \times \frac{180°}{\pi} \leqslant [\theta] \, [(°)/\text{m}] \tag{7-16}$$

许用扭转角 $[\theta]$ 的数值可根据轴的工作条件和机器的精度要求，按实际情况从有关手册中查到。下面列举几个参考数据：精密机器的轴，$[\theta] = 0.25°/\text{m} \sim 0.50°/\text{m}$；一般传动轴，$[\theta] = 0.5°/\text{m} \sim 1.0°/\text{m}$；精度较低的轴，$[\theta] = 1°/\text{m} \sim 4°/\text{m}$。

例 7-3　如图 7-13(a) 所示的阶梯轴，AB 段的直径 $d_1 = 4\text{cm}$，BC 段的直径 $d_2 = 7\text{cm}$，外力偶矩 $M_1 = 0.8\text{kN} \cdot \text{m}$，$M_3 = 1.5\text{kN} \cdot \text{m}$，已知材料的切变模量 $G = 80\text{GPa}$，试计算 φ_{AC} 和最大单位长度扭转角 θ_{max}。

解

(1) 画扭矩图：用截面法逐段求得

$$T_{AB} = M_1 = 0.8\text{kN} \cdot \text{m}$$
$$T_{BC} = -M_3 = -1.5\text{kN} \cdot \text{m}$$

画出扭矩图，如图 7-13(b) 所示。

(2) 计算极惯性矩：

$$I_{p1} = \frac{\pi d_1^4}{32} = \frac{\pi \times 4^4}{32} = 25.1\text{cm}^4$$

$$I_{p2} = \frac{\pi d_2^4}{32} = \frac{\pi \times 7^4}{32} = 236\text{cm}^4$$

(3) 求相对扭转角 φ_{AC}：由于 AB 段和 BC 段内扭矩不等，且横截面尺寸也不相同，故只能在两段内分别求出每段的相对扭转角 φ_{AB} 和 φ_{BC}，然后取 φ_{AB} 和 φ_{BC} 的代数和，即求得轴两端面的相对扭转角 φ_{AC}。

$$\varphi_{AB} = \frac{TL_{AB}}{GI_{p1}} = \frac{0.8 \times 10^6 \times 800}{80 \times 10^3 \times 25.1 \times 10^4} = 0.0319 \text{rad}$$

$$\varphi_{BC} = \frac{TL_{BC}}{GI_{p2}} = \frac{-1.5 \times 10^6 \times 1000}{80 \times 10^3 \times 236 \times 10^4} = -0.0079 \text{rad}$$

$$\varphi_{AC} = \varphi_{AB} + \varphi_{BC} = 0.0318 - 0.0079 = 0.0240 \text{rad} = 1.38°$$

（4）求最大单位长度扭转角 θ_{max}：考虑在 AB 段和 BC 段变形的不同，需要分别计算其单位扭转角。

AB 段
$$\theta_{AB} = \frac{\varphi_{AB}}{L_{AB}} = \frac{0.0319}{0.8} = 0.0399 \text{rad/m} = 2.28°/\text{m}$$

BC 段
$$\theta_{BC} = \frac{\varphi_{BC}}{L_{BC}} = \frac{-0.0079}{1.0} = -0.0079 \text{rad/m} = -0.453°/\text{m}$$

负号表示转向与 θ_{AB} 相反。

所以
$$\theta_{max} = \theta_{AB} = 2.28°/\text{m}$$

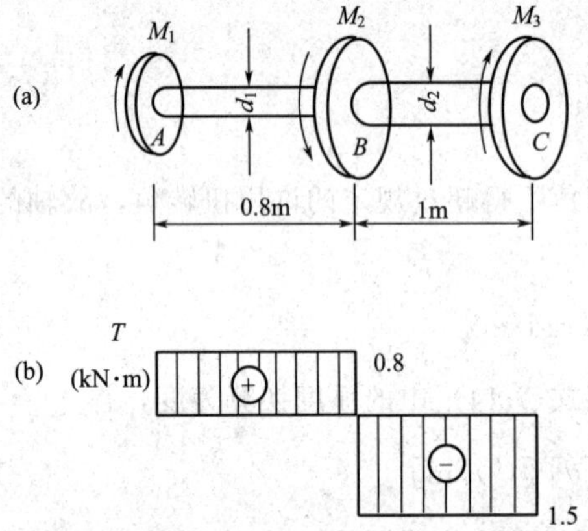

图 7-13　例 7-3 图

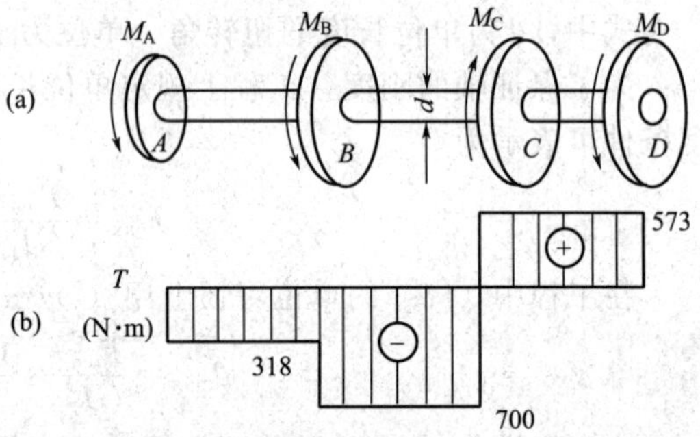

图 7-14　例 7-4 图

例 7-4　实心轴如图 7-14（a）所示。已知该轴转速 $n = 300 \text{r/min}$，主动轮输入功率 $P_C = 40 \text{kW}$，从动轮的输出功率分别为 $P_A = 10 \text{kW}$，$P_B = 12 \text{kW}$，$P_D = 18 \text{kW}$。材料的切变模量 $G = 80 \text{GPa}$，若 $[\tau] = 50 \text{MPa}$，$[\theta] = 0.3°/\text{m}$，试按强度条件和刚度条件设计此轴的直径。

解

（1）求外力偶矩：

$$M_A = 9550 \frac{P_A}{n} = 9550 \times \frac{10}{300} = 318 \text{N} \cdot \text{m}$$

$$M_B = 9550 \frac{P_B}{n} = 9550 \times \frac{12}{300} = 382 \text{N} \cdot \text{m}$$

$$M_C = 9550 \frac{P_C}{n} = 9550 \times \frac{40}{300} = 1273 \text{N} \cdot \text{m}$$

$$M_D = 9550 \frac{P_D}{n} = 9550 \times \frac{18}{300} = 573 \text{N} \cdot \text{m}$$

（2）求扭矩、画扭矩图：

$$T_{AB} = -M_A = -318 \text{N} \cdot \text{m}$$

$$T_{BC} = -M_A - M_B = -318 - 382 = -700 \text{N} \cdot \text{m}$$

$$T_{CD} = M_D = 573 \text{N} \cdot \text{m}$$

根据以上三个扭矩方程，画出扭矩图，如图 7-14（b）所示，由图可知，最大扭矩发生

在 BC 段内，其值为 $|T|_{max}=700\text{N}\cdot\text{m}$。因该轴为等截面圆轴，所以危险截面为 BC 段内的各横截面。

（3）按强度条件设计轴的直径：

$$\tau_{max}=\frac{T_{max}}{W_p}\leqslant[\tau]$$

$$W_p=\frac{\pi d^3}{16}$$

得

$$d\geqslant\sqrt[3]{\frac{16T_{max}}{\pi[\tau]}}=\sqrt[3]{\frac{16\times700\times10^3}{\pi\times50}}=41.5\text{mm}$$

（4）按刚度条件设计轴的直径：

$$\theta_{max}=\frac{T_{max}}{GI_p}\times\frac{180°}{\pi}\leqslant[\theta]$$

$$I_p=\frac{\pi d^4}{32}$$

得

$$d\geqslant\sqrt[4]{\frac{32T_{max}\times180}{G\pi[\theta]}}=\sqrt[4]{\frac{32\times700\times10^3\times180}{80\times10^3\times\pi\times0.3\times10^{-3}}}=85.5\text{mm}$$

为使轴同时满足强度条件和刚度条件，所设计轴的直径应不小于 85.5mm。

小　　结

本章着重讨论圆轴受扭转的情况，其研究方法和步骤与拉伸相似，先是用截面法分析横截面上的内力，进而在试验观察的基础上作出扭转变形的平面假设，再从几何、物理、静力学三方面进行分析，得到横截面上切应力的分布规律，建立强度条件和计算扭转变形，解决圆轴扭转时的强度与刚度问题。

圆轴任意横截面上的扭矩 T，等于截面一侧的外力偶矩的代数和，其正负号按右手螺旋法则确定。

圆轴横截面上的切应力沿半径方向线性分布，其方向与半径垂直。在危险截面圆周边上切应力最大。扭转强度条件为

$$\tau_{max}=\frac{T_{max}}{W_p}\leqslant[\tau]$$

圆轴扭转变形计算公式为

扭转角：

$$\varphi=\frac{TL}{GI_p}$$

单位扭转角：

$$\theta=\frac{\varphi}{L}=\frac{T}{GI_p}$$

扭转刚度条件：

$$\theta_{max}=\frac{T_{max}}{GI_p}\leqslant[\theta](\text{rad/m})$$

或

$$\theta_{max}=\frac{T_{max}}{GI_p}\times\frac{180°}{\pi}\leqslant[\theta][(°)/\text{m}]$$

对于实心圆截面：

$$I_p=\frac{\pi D^4}{32};\ W_p=\frac{\pi D^3}{16}$$

对于空心圆截面：

$$I_p=\frac{\pi D^4}{32}(1-\alpha^4);\ W_p=\frac{\pi D^3}{16}(1-\alpha^4)$$

其中

$$\alpha=\frac{d}{D}$$

思 考 题

7-1　扭转切应力在圆轴横截面上是怎样分布的？下列应力分布图中哪些是正确的？

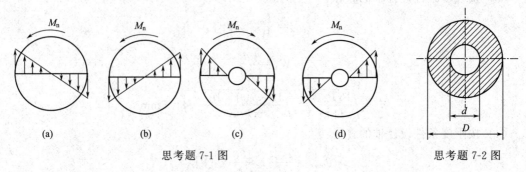

思考题 7-1 图　　　　　　　　　　　　　思考题 7-2 图

7-2　一空心轴的截面尺寸如图所示。它的极惯性矩 I_p 和抗扭截面系数 W_p 是否可按下式计算，为什么？

$$I_p = \frac{\pi D^4}{32}(1-\alpha^4); \quad W_p = \frac{\pi D^3}{16}(1-\alpha^4) \qquad \left(\text{其中 } \alpha = \frac{d}{D}\right)$$

7-3　若将实心轴直径增大一倍，而其它条件不变，其最大切应力及轴的扭转角将如何变化？

7-4　直径相同而材料不同的两根等长实心轴，在相同的扭矩作用下，最大切应力 τ_{max}、扭转角 φ 和极惯性矩 I_p 是否相同？

习 题

7-1　绘制图示各杆的扭矩图。

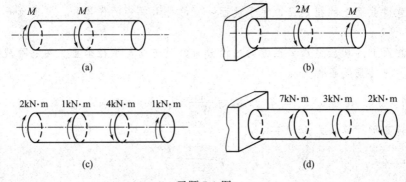

(a)　　　　　　　　　　　　　　(b)

(c)　　　　　　　　　　　　　　(d)

习题 7-1 图

7-2　直径为 $D=5\text{cm}$ 的圆轴，受到扭矩 $M=2.15\text{kN·m}$ 的作用，试求在距离轴心 1cm 处的切应力，并求轴截面上的最大切应力。

7-3　如图所示，已知作用在变截面钢轴上的外力偶矩 $m_1=1.8\text{kN·m}$，$m_2=1.2\text{kN·m}$。试求最大切应力和最大相对转角。材料的 $G=80\text{GPa}$。

7-4　已知圆轴的转速为 300r/min，传递功率为 330.75kW，材料的 $[\tau]=60\text{MPa}$，$G=82\text{GPa}$。要求在 2m 长度内的相对扭转角不超过 1°，试求该轴的直径。

7-5　图示一圆截面直径为 80cm 的传动轴，上面作用的外力偶矩为 $m_1=1000\text{N·m}$，$m_2=600\text{N·m}$，$m_3=200\text{N·m}$，$m_4=200\text{N·m}$。(1) 试作出此轴的扭矩图；(2) 试计算各段轴内的最大切应力及此轴的总扭转角（已知材料的切变模量 $G=79\text{GPa}$）；(3) 若将外力偶矩 m_1 和 m_2 的作用位置互换一下，问圆轴的直径是否可以减小？

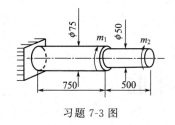

习题 7-3 图

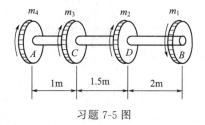

习题 7-5 图

7-6 实心轴和空心轴通过牙嵌式离合器连接在一起。已知轴的转速 $n=100$ r/min，传递的功率 $N=7.5$ kW，材料的许用应力 $[\tau]=40$ MPa。试选择实心轴直径 d_1 和内外径比值为 0.5 的空心轴的外径 D_2。

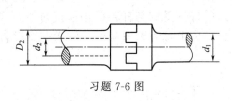

习题 7-6 图

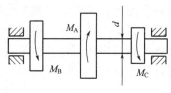

习题 7-7 图

7-7 已知一带轮传动轴。主动轮 A 由电动机输入功率 $P_A=7.35$ kW，B 轮和 C 轮分别带动两台水泵，消耗功率 $P_B=4.41$ kW，$P_C=2.94$ kW，轴的转速 $n=600$ r/min，轴的材料 $[\tau]=20$ MPa，$G=80$ GPa，$[\theta]=1°$/m，试按强度和刚度条件确定轴的直径 d。

7-8 钢质实心轴和铝质空心轴（内外径比值 $\alpha=0.6$）的横截面积相等。$[\tau]_{钢}=80$ MPa，$[\tau]_{铝}=50$ MPa。若仅从强度条件考虑，哪一根轴能承受较大的扭矩？

7-9 传动轴的转速 $n=500$ r/min，主动轮 1 输入功率 $N_1=367.5$ kW，从动轮 2、3 分别输出功率 $N_2=147$ kW，$N_3=220.5$ kW。已知 $[\tau]=70$ MPa，$[\theta]=1°$/m，$G=80$ GPa。（1）试确定 AB 段的直径 d_1 和 BC 段的直径 d_2；（2）若 AB 和 BC 两段选用同一直径，试确定直径 d；（3）主动轮和从动轮应如何安排才比较合理。

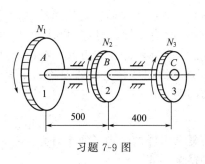

习题 7-9 图

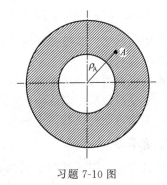

习题 7-10 图

7-10 图示空心圆截面轴，外径 $D=40$ mm，内径 $d=20$ mm，扭矩 $T=1$ kN·m，试计算 A 点处（$\rho_A=15$ mm）的扭转切应力 τ_A，以及横截面上的最大与最小扭转切应力。

7-11 如图所示的轴，若扭矩 $M=1$ kN·m，许用切应力 $[\tau]=80$ MPa，单位长度的许用扭转角 $[\theta]=0.5°$/m，切变模量 $G=80$ GPa，试确定轴径。

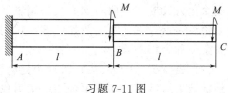

习题 7-11 图

第八章

直梁弯曲

第一节 概　述

一、平面弯曲的基本概念

在工程实际中，常常会遇到发生弯曲的杆件。如图 8-1 所示的车轴，图 8-2 所示的桥式吊车梁，以及桥梁中的主梁，房屋建筑中的梁等。这些杆件受到与杆轴线相垂直的外力（横向力）或外力偶的作用，杆轴线由直线变成曲线，这种变形称为**弯曲变形**。以弯曲变形为主的杆件通常称为**梁**。

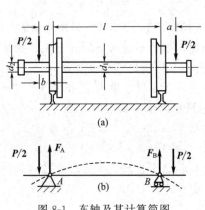

图 8-1　车轴及其计算简图

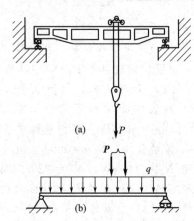

图 8-2　桥式吊车梁及其计算简图

工程中使用的梁，其横截面通常多有一纵向对称轴。现在先来研究比较简单的情况，即梁的横截面具有对称轴 [图 8-3(a)]，且全梁有对称轴，即为 y 轴，对称轴与梁的轴线所构成的平面称为纵向对称面 [图 8-3(b)]。当作用在梁上的所有外力（或力偶）都位于这个对称平面内，梁变形以后的轴线将是在此对称面内的一条平面曲线，这种弯曲称为**平面弯曲**。本章将讨论平面弯曲时横截面上的内力、应力和变形问题。

二、梁的类型

在工程实际中，梁的支座情况和载荷作用形式是复杂多样的，为了便于研究，对它们常作一些简化。通过对支座的简化，将梁分为下列三种基本形式。

（1）简支梁　图 8-4(a) 所示为某型内燃机凸轮轴的结构示意，挺杆作用于轴的力 P 垂直于轴线，在力 P 作用下，凸轮轴将产生弯曲变形。一般情况下，凸轮轴两端滑动轴承可近似简化为铰支座，而右支座只限制轴在垂直方向的位移，则简化为活动铰支座。通常轴本身用轴线表示。其计算简图如图 8-4(b) 所示。这种一端为固定铰支座、另一端为活动铰支座的梁，称为简支梁。

（2）悬臂梁　图 8-5(a) 所示为摇臂钻床的悬臂，一端套在立柱上，另一端自由。空车时悬臂除受自重外，还有主轴箱的重力作用而产生弯曲。由于立柱的刚性较大，且悬臂套在

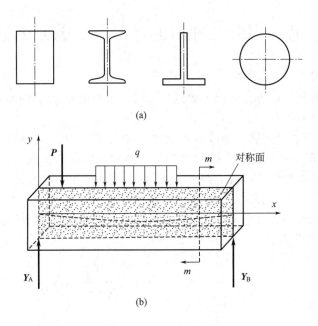

(a)

(b)

图 8-3　梁的横截面形状与受力

立柱上也有一定的长度，使悬臂左端可简化为固定端，这样就得到如图 8-5(b) 所示的计算简图。这种一端固定、另一端为自由的梁，称为悬臂梁。

（3）外伸梁　如图 8-1 所示车轴，载荷作用在支座的外侧，使车轴发生弯曲。并得到图示的计算简图。这种由一个固定铰支座和一个活动铰支座支承，而且有一端（或两端）伸出支座以外的梁，称为外伸梁。

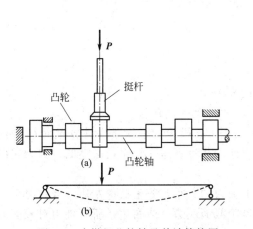

图 8-4　内燃机凸轮轴及其计算简图

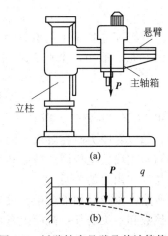

图 8-5　摇臂钻床悬臂及其计算简图

上述简支梁、悬臂梁和外伸梁，都可以用平面力系的三个平衡方程来求出其三个未知反力，因此又统称为静定梁。有时为了工程上的需要，为一个梁设置较多的支座，因而使梁的支反力数目多于独立的平衡方程数目，这时只用平衡方程就不能确定支反力。这种梁称为超静定梁。本章仅限于研究静定梁。

梁上的载荷有集中力、集中力偶和分布载荷（分布力）。分布载荷即为作用线垂直于梁轴线的线分布力，常以载荷集度 q 表示，其常用单位为 N/m 或 kN/m。

第二节 平面弯曲时的内力——剪力和弯矩

一、剪力和弯矩

梁在外力（载荷及约束力）作用下要发生变形，因而截面上将产生相互作用的内力，计算内力的方法仍然是截面法。

如图 8-6(a) 所示的简支梁，承受集中力 P_1、P_2、P_3 作用。先利用平衡方程求出其支座反力 F_{Ay}、F_{By}。现在用截面法计算距 A 为 x 处的横截面 C 上的内力，将梁在截面 C 假想截开，分成左右两段，现任选一段，如左段如图 8-6(b) 所示，研究其平衡。在左段梁上作用着外力 F_{Ay} 和 P_1，还有在截面上的右段对左段的作用力，即内力。为保持左段平衡，内力必须是一个与截面相切的力 Q 和一个在外力所在平面内的力偶 M 与之平衡。内力 Q 称为**剪力**，内力偶矩 M 称为**弯矩**。

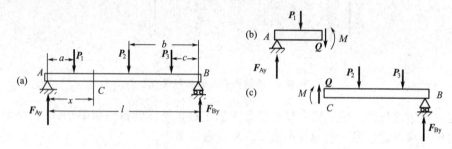

图 8-6 简支梁的内力分析

以左段梁为研究对象，由平衡条件得

$$\sum F_y = 0 \qquad F_{Ay} - P_1 - Q = 0$$
$$Q = F_{Ay} - P_1$$

即剪力 Q 等于左段梁上所有外力的代数和。

对截面 C 形心取矩，由平衡条件得

$$\sum M_C = 0 \qquad M + P_1(x-a) - F_{Ay}x = 0$$
$$M = F_{Ay}x - P_1(x-a)$$

即弯矩 M 等于左段梁上所有外力对截面 C 形心的力矩的代数和。

同理，如以右段为研究对象 [图 8-6(c)]，并根据 CB 段梁的平衡条件计算截面 C 的内力，将得到与左段数值相同的剪力和弯矩，但其方向均相反。这一结果是必然的，因为它们是作用力与反作用力的关系。

综上所述，可得到如下结论：梁的某一截面上剪力的大小，等于截面左边（或右边）所有外力的代数和；梁的某一截面上弯矩的大小，等于截面左边（或右边）所有外力对截面形心力矩的代数和。

二、剪力和弯矩正负号的规定

由于同一截面上左右两段所求出的内力方向相反，为了使它们具有相同的正负号，并由它们的正负号反映变形的情况，特对剪力和弯矩的正负号作如下规定。

(1) 剪力 Q　在横截面的内侧切取微段，凡使该微段顺时针方向旋转的剪力为正号，如图 8-7(a) 所示；使微段逆时针方向旋转的剪力为负号，如图 8-7(b) 所示。

(2) 弯矩 M　在横截面的内侧切取微段，凡使该微段梁弯曲变形向下凹入的弯矩为正

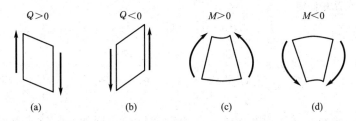

图 8-7　剪力和弯矩正负号的规定

号（或使梁的下侧纤维受拉），如图 8-7(c) 所示；使微段梁弯曲变形向上凸起的弯矩为为负号（或使梁的上侧纤维受拉），如图 8-7(d) 所示。

按以上规定，梁的任一个截面上的剪力和弯矩，无论用这个截面左边的外力或右边的外力来计算，其大小和正负号都是一样的。

当由外力直接计算横截面上的内力时，按照正负号的规定，对于剪力，截面左侧的向上外力或右侧的向下外力产生正剪力，反之为负。至于弯矩，向上的外力（无论在截面的左侧或右侧）产生正弯矩，反之为负；或截面左侧的顺时针力偶及右侧的逆时针力偶产生正弯矩，反之为负（对截面来讲，力偶左顺右逆为正）。

利用上述规则，可直接根据截面左侧或右侧梁上的外力求横截面上的剪力和弯矩。

例 8-1　图 8-8(a) 所示为简支梁 AB，试计算截面 C、B 上的内力（截面 B 是指无限接近于截面 B 并位于其左侧的截面）。

解　首先计算其约束反力，设其方向如图 8-8(a) 所示。由平衡方程得

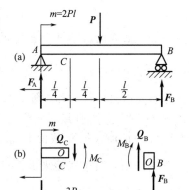

图 8-8　例 8-1 图

$$\sum M_A = 0 \qquad -m - P\frac{l}{2} + F_B l = 0$$

$$F_B = \frac{5}{2}P$$

$$\sum M_B = 0 \qquad -F_A l - m + P\frac{l}{2} = 0$$

$$F_A = -\frac{3}{2}P$$

这里 F_A 为负，说明它的方向设反了。

下面计算截面 C 的内力。假想将梁在截面 C 截开，如果保留左段，可先设剪力 Q_C 与弯矩 M_C 皆为正，它们的方向必然如图 8-8(b) 所示。在图 8-8(b) 中将 F_A 的正确方向画出，这时，由平衡方程得

$$\sum F_y = 0 \qquad -F_A - Q_C = 0$$

$$Q_C = -\frac{3}{2}P$$

$$\sum M_O = 0 \qquad F_A\frac{l}{4} - m + M_C = 0$$

$$M_C = \frac{13}{8}Pl$$

弯矩 M_C 为正，说明原先假定正弯矩的转向是对的，同时又表示该截面的弯矩是正弯矩。而剪力 Q_C 为负，说明剪力的方向设反了，实际上为负剪力。

最后再计算截面 B 的内力。将梁假想在截面 B 截开，并选右段为研究对象，设 Q_B 与

M_B 皆为正，由平衡方程得

$$\sum F_y = 0 \qquad Q_B + F_B = 0$$

$$Q_B = -F_B = -\frac{5}{2}P$$

$$\sum M_O = 0 \qquad M_B + F_B \cdot 0 = 0$$

$$M_B = 0$$

通过上面的讨论可总结出用截面法求剪力和弯矩的法则如下：欲求某截面的剪力 Q 和弯矩 M，先自该截面切开，保留一段（左段或右段），在截面上对照图 8-7(a) 和图 8-7(c) 设出正剪力 Q 和正弯矩 M；然后用 $\sum F_y = 0$ 求剪力 Q，用 $\sum M = 0$ 求弯矩 M，在写力矩平衡方程时一般以该截面的形心作为力矩中心；最后求出的剪力如得正号表明该截面的剪力是正剪力，如得负号则表明是负剪力，对于弯矩正负也同样判断。

三、求指定截面内力的简便方法

由例 8-1 可以看出，由截面法算得的某一截面内力，实际上可以由截面一侧的梁段上外力（包括已知外力或外力偶及支反力）确定。因此可以得到如下求指定截面内力的简便方法。

任一截面的剪力等于该截面一侧所有竖向外力的代数和，即

$$Q = \sum_{i=1}^{n} F_i$$

任一截面的弯矩等于该截面一侧所有外力或力偶对该截面形心之矩的代数和，即

$$M = \sum_{i=1}^{n} M_i$$

需要指出：代数和中外力或力矩（力偶矩）的正负号与剪力和弯矩的正负号规定一致。如例 8-1 中 Q_C 可直接写成截面 C 左侧外力代数和，即 $Q_C = -F_A$，因为截面左侧只有向上的外力为正值。同样截面 C 左侧梁段上所有力或力偶对截面 C 形心矩的代数和为 $M_C = -F_A \frac{l}{4} + m$。对于截面来讲，只有向上的外力产生正弯矩，截面左侧只有顺时针方向的力偶产生正弯矩。

从上述分析可以看出，简便方法求内力的优点是无需切开截面、取脱离体、进行受力分析以及列出平衡方程，而可以根据截面一侧梁段上的外力直接写出截面的剪力和弯矩。这种方法大大简化了求内力的计算步骤，但要特别注意代数和中外力或力（力偶）矩的正负号。

第三节 剪力图和弯矩图

梁横截面上的剪力与弯矩是随截面的位置而变化的。在计算梁的强度及刚度时，必须了解剪力及弯矩沿梁轴线的变化规律，从而找出最大剪力与最大弯矩的数值及其所在的截面位置。

因此，沿梁轴方向选取坐标 x，以此表示各横截面的位置，建立梁内各横截面的剪力、弯矩与 x 的函数关系，即

$$Q = Q(x) ; \quad M = M(x)$$

上述关系式分别称为**剪力方程**和**弯矩方程**，此方程从数学角度精确地给出了弯曲内力沿梁轴线的变化规律。

若以 x 为横坐标，以 Q 或 M 为纵坐标，将剪力、弯矩方程所对应的图线绘出来，即可

得到剪力图与弯矩图。利用剪力图和弯矩图，很容易确定梁的最大剪力和最大弯矩，以及梁的危险截面的位置。因此，画剪力图和弯矩图往往是梁的强度和刚度计算中的重要步骤。

下面用例题说明这一问题。

例 8-2　切刀在切割棒料时，若刀刃上的切割力在垂直方向的分力为 P [图 8-9(a)]，切刀的伸出长度为 l，试作切刀伸出部分的剪力图和弯矩图。

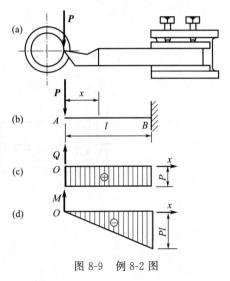

图 8-9　例 8-2 图

解　首先将刀杆简化为一个受集中力 P 作用的悬臂梁 [图 8-9(b)]。以自由端为坐标原点，在建立梁的剪力和弯矩方程时，取距原点为 x 的任意截面 [图 8-9(b)]，并研究截面左边的一段梁。由于其上的外力为已知，故无需先求支座反力。按前述方法，可得到该截面上的剪力和弯矩分别为

$$Q=-P \tag{a}$$

$$M=-Px \tag{b}$$

由于梁上除 P 力外，再没有其它的载荷，因而这两个方程式(a)、(b) 对于全梁的各横截面，即在 $0 \leqslant x \leqslant l$ 的范围内均适用。

由式(a) 知，剪力 Q 是一常数，所以剪力图是一平行于 x 轴的直线 [图 8-9(c)]；由式(b) 知，弯矩 M 是 x 的一次函数，所以弯矩图是一直线，只需确定其上两点的数值，如 $x=0$ 处，$M=0$，$x=l$ 处，$M=-Pl$，选定适当的比例，即可绘出弯矩图 [8-9(d)]。

剪力图、弯矩图表明，在固定端处左侧横截面上的弯矩值最大，$M_{max}=-Pl$，这里的负号实质上仅表示梁的变形现象，而无一般的代数符号的含义。至于剪力，则在各截面上均相同。

综上所述，绘制梁的剪力图和弯矩图的步骤是：画计算简图；求支座反力；列剪力方程和弯矩方程；根据剪力和弯矩方程的特性，计算必要的几个截面上的剪力和弯矩值，按适当的比例分别描点作出 Q 图、M 图，并标出最大弯矩和剪力的数值及其所在截面位置。

例 8-3　图 8-10(a) 所示为一钢板校平机的示意图。其轧辊可简化为一简支梁，工作时所受压力可近似地简化为作用于全梁的均布载荷 q [图 8-10(b)]，试作梁的剪力图和弯矩图。

解　对于简支梁，必须首先计算支反力，这是因为在计算横截面的剪力和弯矩时，无论取截面哪一边的梁，其上的外力均包括一个支反力。在本例中，梁 AB 在均布载荷 q 的作用下，其合力是 ql，由梁和载荷的对称关系可知：

$$F_A=F_B=\frac{1}{2}ql$$

任取距左端 A 为 x 处的横截面，当 $0 \leqslant x \leqslant l$ 时，在此截面左边梁上均布载荷的合力为 qx。它对于此截面形心的力臂为 $\frac{x}{2}$ [图 8-10(c)]。则由此可列出梁的剪力和弯矩方程：

$$Q=F_A-qx=\frac{q}{2}l-qx \tag{a}$$

$$M=F_Ax-qx\frac{x}{2}=\frac{1}{2}qlx-\frac{1}{2}qx^2 \tag{b}$$

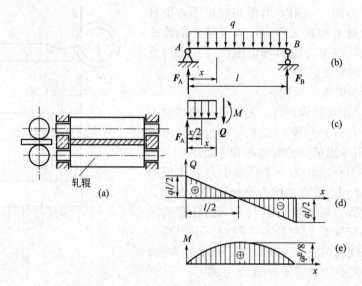

图 8-10 例 8-3 图

由式(a) 知剪力图为一斜直线,确定两点:$x=0$ 处, $Q=\dfrac{1}{2}ql$; $x=l$ 处, $Q=-\dfrac{1}{2}ql$,即可绘出剪力图 [图 8-10(d)]。Q 图在梁跨中点经过横坐标轴,在此截面 Q 值为零。

由式(b) 可知,M 是 x 的二次函数,因此弯矩图为一抛物线,至少应由三点(包括顶点)来确定。梁端处(即 $x=0$ 及 $x=l$ 时)的弯矩均为零,由于载荷对称,抛物线顶点必在跨度中点,此时以 $x=\dfrac{l}{2}$ 代入式(b) 即得 $M_{max}=\dfrac{ql^2}{8}$,由以上三点的坐标即可绘出弯矩图 [图 8-10(e)]。

有时不能凭观察判断出抛物线顶点的位置,可将弯矩方程式对 x 取一次导数并令其等于零,即可求解抛物线顶点的横坐标 x。

例 8-4 装有直齿圆锥齿轮的传动轴 [图 8-11(a)],可简化为简支梁 [图 8-11(b)]。当仅考虑齿轮上的轴向力 P_a 对轴的力偶矩 $M_0=P_a r$ 时,试作轴的剪力图和弯矩图。

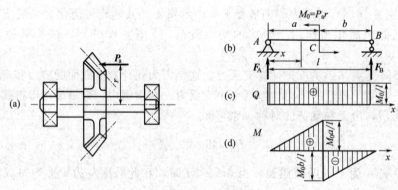

图 8-11 例 8-4 图

解 先由平衡方程 $\sum M_B=0$ 和 $\sum M_A=0$ 分别算得支反力为

$$F_A=\frac{M_0}{l}; \quad F_B=-\frac{M_0}{l}$$

因整个梁的载荷仅为一力偶,故全梁只有一个剪力方程。取距左端为 x 的任意剪力来

分析，当 $0 \leqslant x \leqslant l$ 时，有

$$Q = F_A = \frac{M_0}{l} \tag{a}$$

集中力偶 M_0 的左、右边两段梁的弯矩方程式不相同，需分段列出。

AC 段上，即 $0 \leqslant x \leqslant a$ 时：

$$M = F_A x = \frac{M_0}{l} x \tag{b}$$

CB 段上，即 $a \leqslant x \leqslant l$ 时：

$$M = F_A x - M_0 = \frac{M_0}{l} x - M_0 \tag{c}$$

由式(a) 知，剪力图为一水平直线 [图 8-11(c)]。由式(b) 和式(c) 知，AC 和 CB 两段梁的弯矩皆为斜直线，只要确定线上两点，就可以确定这条直线。梁端处的弯矩均为零。另外根据式(b) 在 $x = a$ 处（即截面 C 左侧），$M = \dfrac{M_0}{l} a$。根据式(c)，当 $x = (l-b)$ 时 $M = -\dfrac{M_0}{l} b$，由此可绘出弯矩图如图 8-11(d) 所示。$b > a$ 时，在集中力偶作用处的右侧截面上的弯矩值最大。

　　例 8-5　图 8-12(a) 所示为一直齿圆柱齿轮传动轴。该轴可简化为简支梁，当仅考虑齿轮上的径向力 $\boldsymbol{P}$ 对轴的作用时，其计算简图如图 8-12(b) 所示。试作轴的剪力图和弯矩图。

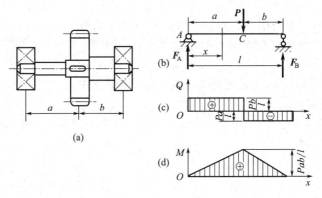

图 8-12　例 8-5 图

　　解　先由平衡方程式 $\sum M_B = 0$ 和 $\sum M_A = 0$ 分别求得支反力为

$$F_A = \frac{Pb}{l}; \quad F_B = \frac{Pa}{l}$$

集中载荷的左、右两段梁的剪力和弯矩方程均不相同。对于截面 C 以左的梁，即 $0 \leqslant x \leqslant a$ 时，其剪力和弯矩方程分别为

$$Q = F_A = \frac{Pb}{l} \tag{a}$$

$$M = F_A x = \frac{Pb}{l} x \tag{b}$$

而对于截面 C 以右的梁，即 $a \leqslant x \leqslant l$ 时，其剪力、弯矩方程分别为

$$Q = F_A - P = \frac{Pb}{l} - P = -\frac{P(l-b)}{l} = -\frac{Pa}{l} \tag{c}$$

$$M = F_A x - P(x-a) = \frac{Pa}{l}(l-x) \tag{d}$$

根据式（a）和式（c），可绘出剪力图［图 8-12(c)］；而根据式（b）和式（d），则可绘出弯矩图［图 8-12(d)］。当 $b > a$ 时，在 AC 段梁的任意横截面的剪力值为最大，即 $Q_{max} = \dfrac{Pb}{l}$，而集中载荷作用处的横截面上的弯矩值为最大，即 $M_{max} = \dfrac{Pab}{l}$。

第四节 剪力、弯矩和分布载荷间的关系

由于载荷的不同，梁各截面的剪力和弯矩也不同，因而得出不同形式的剪力图和弯矩图。事实上，载荷、剪力和弯矩之间存在着一定的关系。如图 8-10 中，若将弯矩方程和剪力方程分别对 x 求导数，则得

$$\frac{\mathrm{d}M}{\mathrm{d}x} = \frac{1}{2}ql - qx = Q(x)$$

$$\frac{\mathrm{d}Q}{\mathrm{d}x} = -q$$

负号表示分布载荷是向下的。上面得到的关系实际上是普遍存在的，通过推导可以总结出 Q、M 图的下述规律。

第一，梁上某段无分布载荷时，则该段剪力图为水平线，弯矩图为斜直线。

第二，梁上某段有向下的均布载荷时，则该段剪力图递减（\）、弯矩图为向上凸的曲线（⌒）；反之，当有向上的分布载荷时，剪力图递增（/），弯矩图为向下凹的曲线（⌣）。所以均布载荷作用时，剪力图为斜直线，弯矩图为二次抛物线。

第三，在集中力 P 作用处，剪力图有突变（突变值等于 P），弯矩图为折角；在集中力偶 m 作用处，弯矩图有突变（突变值等于 m），剪力图无变化。

第四，某截面 $Q = 0$，则在该截面弯矩有极值（极大或极小）。

下面举例说明其应用。

例 8-6 外伸梁 AD 受载荷如图 8-13(a) 所示。试利用微分关系作剪力图及弯矩图。

解

(1) 求支反力：由平衡条件 $\sum M_B = 0$ 和 $\sum M_A = 0$ 可求得

$$R_A = 72\text{kN}; \quad R_B = 148\text{kN}$$

(2) 作剪力图：根据梁上受力情况应分为 AC、CB、BD 三段。AC 段无分布载荷，所以剪力图应为一水平直线。CB 及 BD 段有向下的均布载荷作用，所以 Q 图为向下倾斜的直线，且两段斜率一样。在集中力作用处 Q 图发生突变，其突变值等于集中力的大小。这样，根据梁上受力情况便可看出 Q 图的大致形状如图 8-13(b) 所示。所以作剪力图只要计算下面几个控制点处的剪力值。

在 AC 段内：

$$Q = R_A = 72\text{kN}$$

在 B 点左侧：

$$Q = 72 - 20 \times 8 = -88\text{kN}$$

在 B 点右侧：

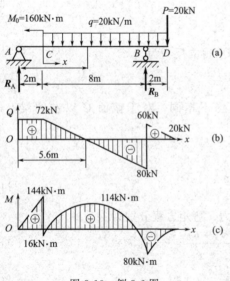

图 8-13 例 8-6 图

$$Q=20+20\times2=60\text{kN}$$

在 D 点左侧：

$$Q=P=20\text{kN}$$

根据上面数值可作剪力图［图 8-13(b)］。

（3）作 M 图：根据 Q 图可以再来看 M 图的形状。AC 段 Q 为正值常数，所以 M 图为向上倾斜的直线。在 C 处有集中力偶，所以弯矩图在此有突变。CB 段 Q 由正值变到负值，所以 M 图在 $Q=0$ 的截面以左为向右上的上凸曲线，以右为向右下的上凸曲线，在 $Q=0$ 处，M 图有极大值。在 B 点处 Q 有突变，所以 M 图在此形成尖角。BD 段 Q 为正值并由大到小，所以 M 图为向右上的上凸曲线。作弯矩图时，只要计算下面几个控制点的弯矩值。

在 C 点左侧：

$$M=72\times2=144\text{kN}\cdot\text{m}$$

在 C 点右侧：

$$M=72\times2-160=-16\text{kN}\cdot\text{m}$$

在 B 点：

$$M=-20\times2-20\times2\times1=-80\text{kN}\cdot\text{m}$$

在 CB 段内 $Q=0$ 处，可令 CB 段的剪力方程等于零而求得该截面距梁左段的距离 x 的剪力为

$$Q=R_\text{A}-q(x-2)=0$$

所以

$$x=\frac{R_\text{A}}{q}+2=\frac{72}{20}+2=5.6\text{m}$$

由此得

$$M=72\times5.6-160-20\times3.6\times\frac{3.6}{2}=114\text{kN}\cdot\text{m}$$

根据上面数值可作弯矩图［图 8-13(c)］。由弯矩图可见，最大弯矩值发生在 C 点左侧，即 $M_\text{max}=144\text{kN}\cdot\text{m}$。

上例说明，当熟悉剪力图和弯矩图的规律以后，在作 Q 图和 M 图时，可以不写方程式，只要三步即可：第一，计算支座反力；第二，分段定形，即根据梁受力情况，将梁分成几段，再根据各段内载荷分布情况，利用 q、Q、M 的微分关系，确定该段内剪力图和弯矩图的几何形状；第三，定值作图，即计算若干个控制截面（内力规律发生变化的截面，亦即外力不连续的截面）的内力值，就可绘出梁的剪力图和弯矩图。

第五节　弯曲时的正应力

在一般情况下，梁的横截面上既有剪力，又有弯矩，所以在梁的横截面上将同时存在弯曲切应力和弯曲正应力。一般情况下，长度远比横截面尺寸大的梁，弯曲变形时，剪力产生的切应力对梁的影响较小，可以忽略不计，这里只研究弯曲产生的正应力。为此，可取在横截面上只有弯矩而没有剪力的梁作为研究对象。只有弯曲作用而没有剪切作用的梁，就是纯弯曲梁。

与研究圆轴扭转变形时的应力相似，在研究纯弯曲梁的正应力时，也是先通过试验观察梁的变形，再经过分析得出横截面上正应力分布规律及计算公式。

一、纯弯曲时梁横截面上的正应力

研究纯弯曲梁的正应力分布规律，与研究圆轴扭转变形时的应力相似，需从几何、物理

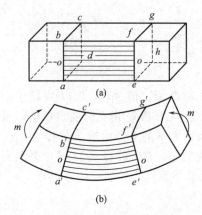

图 8-14　纯弯曲变形几何关系（一）

和静力学三方面考虑。

1. 变形几何关系

取横截面具有纵向对称轴（如矩形截面）的等直梁，在其截面画出矩形 abcd 和 efgh ［图 8-14(a)］，同时在梁的表面上作出与梁轴线平行的纵向线和与纵向线垂直的横向线。在梁的两端纵向对称面内施加一对等值、反向的力偶，进行梁的纯弯曲试验 ［图 8-14(b)］。

可观察到以下现象。

其一，横线 ab、cd、ef、gh 仍保持为直线，互相倾斜了一个角度后，仍垂直于弯曲后的纵线。abcd 和 efgh 变形后各位于一倾斜平面内。

其二，所有的纵线都弯曲成曲线。靠近底面的纵线伸长，靠近顶面的纵线缩短，而位于其间的某一位置的一条纵线 o—o，其长度不变。

其三，原来的矩形截面，变形后上部变宽，下部变窄。

由以上试验结果，可作如下假设：**原为平面的横截面变形后仍保持为平面，且仍垂直于变形后梁的轴线，只是绕横截面内某一轴旋转一角度**。这就是弯曲变形的平面假设。又因为梁下部的纵向纤维伸长而宽度减小，上部纵向纤维缩短而宽度增加，因此又假设：所有与轴线平行的纵向纤维都是轴向拉伸或压缩（即纵向纤维之间无挤压）。以上假设之所以成立，是因为以此为基础所得到的应力和变形公式为试验所证实。这样，平面假设就反映出梁弯曲变形的本质了。

根据平面假设，把梁视为由无数纵向纤维所组成，包括 o—o 在内且与底面平行的一层纵向纤维，既不伸长也不缩短，称为**中性层**，中性层和横截面的交线，称为**中性轴**，以 z 表示。这样，弯曲变形的特点可归结为：各横截面绕中性轴转动，中性层以下纤维伸长，以上纤维缩短 ［图 8-15(a)］。

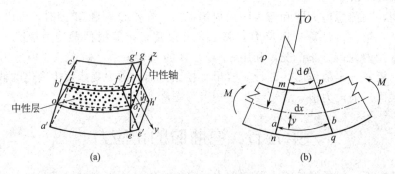

图 8-15　纯弯曲变形几何关系（二）

纯弯曲时梁的纵向纤维由直线弯成圆弧 ［图 8-15(b)］。相距为 dx 的两相邻截面 m—n 和 p—q 延长交于 o 处，o 即为中性层的曲率中心。中性层的曲率半径以 ρ 表示，两平面间的夹角以 dθ 表示。现求距中性层为 y 处的 ab 纤维的线应变。该纤维变形后的长度为 $(\rho+y)$dθ，原长为 dx，即 ρdθ，故纤维的线应变 ε 为

$$\varepsilon=\frac{(\rho+y)\mathrm{d}\theta-\rho\mathrm{d}\theta}{\rho\mathrm{d}\theta}=\frac{y}{\rho} \tag{a}$$

2. 物理关系

因假设纵向纤维为轴向拉伸或压缩，于是当正应力不超过比例极限时，由虎克定律可知

$$\sigma = \varepsilon E = E \frac{y}{\rho} \qquad\qquad (b)$$

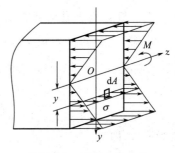

图 8-16　正应力的分布

式（b）即为横截面上正应力的分布规律。横截面上任一点处的正应力与它到中性轴的距离成正比，y 值相同的点，正应力相等；中性轴上各点的正应力为零。其分布情况如图 8-16 所示。

虽然式（b）给出了正应力的分布规律，但必须确定中性轴的位置与曲率半径 ρ 的大小，方能计算正应力，这需要通过应力与内力间的静力学关系来解决。

3. 静力学关系

纯弯曲时梁横截面上仅有正应力。取横截面的对称轴为 y 轴，中性轴为 z 轴。过 y、z 轴的交点与杆纵线平行的线取为 x 轴。把横截面划分为无数微面积 $\mathrm{d}A$，在坐标（y, z）处的微面积 $\mathrm{d}A$ 上作用着微内力 $\sigma \mathrm{d}A$。横截面上这些微内力构成空间平行力系（图 8-16）。而横截面上无轴力，只有 xOy 平面内的弯矩 M，因此

$$N = \int_A \sigma \mathrm{d}A = 0 \qquad\qquad (c)$$

$$M = \int_A y\sigma \mathrm{d}A \qquad\qquad (d)$$

下面综合考虑变形几何、物理和静力学三方面的结果。

首先将正应力分布规律的表达式（b）代入式（c）得

$$\int_A E \frac{y}{\rho} \mathrm{d}A = \frac{E}{\rho} \int_A y \mathrm{d}A = \frac{E}{\rho} S_z = 0 \qquad\qquad (e)$$

其中 $S_z = \int_A y \mathrm{d}A$ 为截面对 z 轴的静矩。E、ρ 不随 $\mathrm{d}A$ 位置而变，故提到积分符号前。由于 $\frac{E}{\rho}$ 不可能等于 0，必须 $S_z = 0$。故知 z 轴必为过截面的形心轴，因此中性轴必通过截面的形心。

把式（b）代入式（d）得

$$\int_A E \frac{y}{\rho} y \mathrm{d}A = \frac{E}{\rho} \int_A y^2 \mathrm{d}A = \frac{E}{\rho} I_z = M \qquad\qquad (f)$$

其中 $I_z = \int_A y^2 \mathrm{d}A$ 为截面对中性轴 z 的**惯性矩**，故

$$\frac{1}{\rho} = \frac{M}{EI_z} \qquad\qquad (8\text{-}1)$$

由式（8-1）即可确定中性层的曲率。EI_z 称为梁的**抗弯刚度**，EI_z 值越大，梁的弯曲变形越小。

将式（8-1）代入式（b），最后求得

$$\sigma = \frac{My}{I_z} \qquad\qquad (8\text{-}2)$$

这就是纯弯曲时梁横截面上的正应力公式。式中，M 为截面的弯矩，y 为欲求应力点至中性轴的距离，I_z 为截面对中性轴的惯性矩。

当弯矩为正时，梁下部纤维伸长，故产生拉应力；上部纤维缩短而产生压应力。弯矩为负时，则与上相反。一般用式（8-2）计算正应力时，M 与 y 均代以绝对值，而正应力的拉、压由观察判断。

二、横截面上最大正应力计算公式

由式(8-2)可知,在 $y=y_{max}$ 即横截面中离中性轴最远的各点处,弯曲正应力最大,其值为

$$\sigma_{max}=\frac{M}{I_z}y_{max}=\frac{M}{I_z/y_{max}} \tag{8-3}$$

其中,比值 I_z/y_{max} 仅与截面的形状与尺寸有关,用 W_z 表示,称为**抗弯截面系数**,单位为 m^3,即

$$W_z=\frac{I_z}{y_{max}} \tag{8-4}$$

则最大弯曲正应力即为

$$\sigma_{max}=\frac{M}{W_z} \tag{8-5}$$

可见,最大弯曲正应力与弯矩成正比,与抗弯截面系数成反比。抗弯截面系数综合反映了横截面的形状与尺寸对弯曲正应力的影响。

三、常见截面惯性矩的计算

1. 矩形截面

图 8-17 所示矩形截面,其高、宽分别为 h、b,z 轴通过截面形心 C 并平行于矩形底边,为求该截面对 z 轴的惯性矩,在截面上距 z 轴为 y 处取一微元面积(图中阴影部分),其面积 $dA=bdy$,根据惯性矩定义有

$$I_z=\int_A y^2 dA=\int_{-\frac{h}{2}}^{\frac{h}{2}} y^2 b dy=\frac{bh^3}{12} \tag{8-6}$$

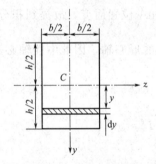

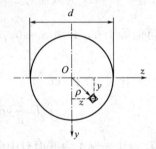

图 8-17　矩形截面惯性矩的计算　　　　　图 8-18　圆形截面惯性矩的计算

其抗弯截面系数为

$$W_z=\frac{I_z}{y_{max}}=\frac{bh^3/12}{h/2}=\frac{bh^2}{6} \tag{8-7}$$

同理可得截面对 y 轴的惯性矩及抗弯截面系数分别为

$$I_y=\frac{hb^3}{12}; \quad W_y=\frac{hb^2}{6}$$

注意,应用式(8-5)计算弯曲正应力时,首先需判断梁发生弯曲的方位,从而确定中性轴的位置。

2. 圆形截面

图 8-18 所示直径为 d 的圆形截面,z、y 轴均过形心 O。因为圆形对任意直径都是对称的,因此有 $I_z=I_y$。在圆截面上取微面积 dA,因为 $\rho^2=y^2+z^2$,于是,圆截面对中心的极

惯性矩 I_p 与其对中性轴的惯性矩 I_z 有如下关系：

$$I_p = \int_A \rho^2 dA = \int_A y^2 dA + \int_A z^2 dA = I_z + I_y = 2I_z$$

故有

$$I_y = I_z = \frac{I_p}{2} = \frac{\pi d^4}{64} \tag{8-8}$$

其抗弯截面系数为

$$W_z = \frac{I_z}{y_{max}} = \frac{\pi d^4 / 64}{d/2} = \frac{\pi d^3}{32} \tag{8-9}$$

同理，空心圆截面对中性轴的惯性矩及抗弯截面系数分别为

$$I_z = \frac{I_p}{2} = \frac{\pi D^4}{64}(1 - \alpha^4) \tag{8-10}$$

$$W_z = \frac{I_z}{y_{max}} = \frac{\pi D^4 (1 - \alpha^4)/64}{D/2} = \frac{\pi D^3}{32}(1 - \alpha^4) \tag{8-11}$$

式中，D 为空心圆截面的外径，α 为内、外径的比值。

四、惯性矩平行轴公式

1. 组合图形截面

在工程实际中常遇到一些由若干简单图形截面组合而成的组合图形截面。设组合截面由几部分组成，每部分的面积为 A_1、A_2、$\cdots$、A_n，则根据惯性矩的定义有

$$I_z = \int_A y^2 dA = \int_{A_1} y^2 dA_1 + \int_{A_2} y^2 dA_2 + \cdots + \int_{A_n} y^2 dA_n = I_{z1} + I_{z2} + \cdots + I_{zn} = \sum_{i=1}^{n} I_{zi}$$

即组合截面对某轴的惯性矩等于各组成部分对同一轴的惯性矩的代数和。

2. 平行轴公式

图 8-19 所示为一任意图形，x_c、y_c 轴为过形心 C 的一对正交轴（形心轴）；x、y 轴分别与 x_c、y_c 轴平行，C 点在 xOy 坐标系中的坐标为 (b, a)，则由惯性矩定义得，该截面对形心轴 x_c 的惯性矩为

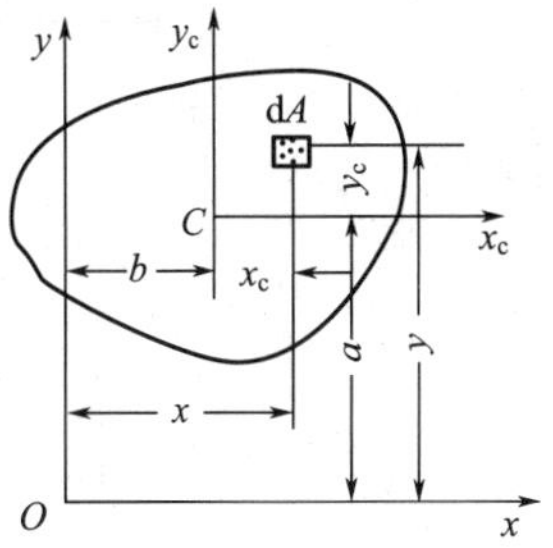

$$I_{xc} = \int_A y_c^2 dA$$

图 8-19 平行轴公式的推导

该截面对与 x_c 平行、间隔距离为 a 的 x 轴的惯性矩为

$$I_x = \int_A y^2 dA = \int_A (a + y_c)^2 dA = \int_A (a^2 + 2ay_c + y_c^2) dA = a^2 \int_A dA + 2a \int_A y_c dA + \int_A y_c^2 dA$$

而 $\int_A dA = A$，$\int_A y_c dA = 0$（因为 x_c 轴通过形心），$\int_A y_c^2 dA = I_{xc}$，故

$$I_x = I_{xc} + a^2 A \tag{8-12}$$

式（8-12）称为**平行轴公式**或**平行轴定理**：平面图形对某轴的惯性矩，等于对与此轴平行的形心轴的惯性矩，再加上此两轴距离的平方与图形面积的乘积。

五、危险截面正应力公式及强度条件

横力弯曲时，弯矩 M 不再是常量，随着截面位置而变化，最大正应力一般发生在弯矩最大的截面（危险截面）上。由式（8-3）或式（8-5）得

$$\sigma_{max} = \frac{M_{max} y_{max}}{I_z} \tag{8-13}$$

或
$$\sigma_{max} = \frac{M_{max}}{W_z} \qquad (8\text{-}14)$$

分析和实践表明，对于一般细而长的梁，影响其强度的主要因素是弯曲正应力。因此，要使梁具有足够的强度，就应该使梁内的最大工作正应力 σ_{max} 不超过材料的许用应力 $[\sigma]$。所以梁的弯曲正应力强度条件为

$$\sigma_{max} = \frac{M_{max}}{W_z} \leqslant [\sigma] \qquad (8\text{-}15)$$

根据弯曲强度条件，可以用来解决强度校核、选择截面和确定许可载荷三类问题。

还应指出，对于铸铁等脆性材料，由于它们的抗拉和抗压强度不同，则应按拉伸和压缩分别进行强度计算，即要求最大拉应力和最大压应力不超过许用拉应力 $[\sigma_l]$ 和许用压应力 $[\sigma_y]$。即

$$\left.\begin{array}{c} \sigma_{maxl} \leqslant [\sigma_l] \\ \sigma_{maxy} \leqslant [\sigma_y] \end{array}\right\} \qquad (8\text{-}16)$$

下面举例说明强度条件的应用。

例 8-7　如图 8-20(a) 所示悬臂梁，横截面为矩形，图 8-20(b) 所示，承受载荷 F_1 与 F_2 作用，且 $F_1 = 2F_2 = 5kN$，试计算梁内的最大弯曲正应力，及该应力所在截面上 K 点处的弯曲正应力。

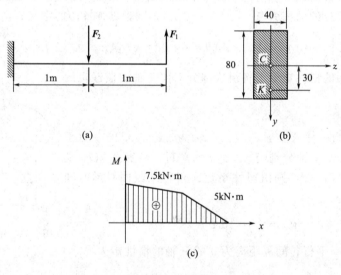

图 8-20　例 8-7 图

解

(1) 画梁的弯矩图。由剪力、弯矩与分布载荷的关系，从右端向左端求弯矩，可以求出梁的弯矩，如图 8-20(c) 所示。

(2) 由弯矩图可知，最大弯矩位于固定端。
$$M_{max} = 7.5kN \cdot m$$

(3) 计算应力。

最大应力：

$$\sigma_{max} = \frac{M_{max}}{W_z} = \frac{M_{max}}{bh^2/6} = \frac{7.5 \times 10^6}{40 \times 80^2/6} = 176MPa$$

K 点的应力：

$$\sigma_K = \frac{M_{max}y}{I_z} = \frac{M_{max}y}{bh^3/12} = \frac{7.5 \times 10^6 \times 30}{40 \times 80^3/12} = 132\text{MPa}$$

例 8-8 某车间安装一简易天车 [图 8-21 (a)]，起重量 $G_1 = 50\text{kN}$，跨度 $l = 9.5\text{m}$，电葫芦自重 $G_2 = 6.7\text{kN}$，天车在起吊重物时多少承受一些突然加载的作用，故梁在中间承受的集中力 $(G_1 + G_2)$ 应乘以动荷系数 $k_d = 1.2$ （根据设计规范），许用应力 $[\sigma] = 140\text{MPa}$，试选择工字钢截面尺寸。

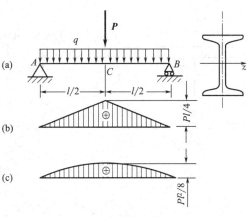

图 8-21　例 8-8 图

解 在一般机械中，梁的自重较其承受的其它载荷小，故可先按集中力初选工字截面，集中力为

$$P = (G_1 + G_2)k_d = (50 + 6.7) \times 1.2 = 68\text{kN}$$

由集中力在中间截面引起的弯矩为 [图 8-20(b)]

$$M_P = \frac{1}{4}Pl = \frac{1}{4} \times 68 \times 9.5 = 161.5\text{kN·m}$$

只考虑此弯矩时的强度条件为

$$\sigma_{max} = \frac{M_{max}}{W_z} \leqslant [\sigma]$$

故

$$W_z \geqslant \frac{M_{max}}{[\sigma]} = \frac{161.5 \times 10^6}{140} = 1153.3 \times 10^3 \text{mm}^3$$

由型钢表查找 W_z 比 $1150 \times 10^3 \text{mm}^3$ 稍大一些的工字钢号，查出 40c 工字钢，其 $W_z = 1190 \times 10^3 \text{mm}^3$，此钢号的自重 $q = 801\text{N/m}$。这时自重在中间截面引起的弯矩 [图 8-21(c)] 为

$$M_q = \frac{1}{8}ql^2 = \frac{1}{8} \times 801 \times 9.5^2 = 9.04 \times 10^3 \text{N·m}$$

中间截面的总弯矩为

$$M_{max} = M_P + M_q = 161.5 + 9.04 = 170.5\text{kN·m}$$

于是考虑自重在内的强度条件为

$$\sigma_{max} = \frac{M_{max}}{W_z} = \frac{170.5 \times 10^6}{1190 \times 10^3} = 143.3\text{MPa} > [\sigma] = 140\text{MPa}$$

σ_{max} 虽大于许用应力 $[\sigma]$，但超出值在 5% 以内，工程中是允许的。

当不考虑梁自重时，σ_{max} 为

$$\sigma_{max} = \frac{M_{max}}{W_z} = \frac{161.5 \times 10^6}{1190 \times 10^3} = 135.7\text{MPa}$$

考虑自重与不考虑自重相比，梁内应力相差 5.3%。因此，对于像钢这类强度较高的材料，计算应力时一般可忽略其自重的影响。

例 8-9 铸铁梁的载荷及截面尺寸如图 8-22(a) 所示，C 为 T 形截面的形心，惯性矩 $I_z = 6031 \times 10^4 \text{mm}^4$，材料的许用拉应力 $[\sigma_l] = 40\text{MPa}$，许用压应力 $[\sigma_y] = 160\text{MPa}$，试校核梁的强度。

解 梁计算简图如图 8-22(b) 所示，弯矩图如图 8-22(c) 所示，绝对值最大的弯矩为负弯矩，发生在截面 B 上，应力分布如图 8-22(d) 所示。此截面最大拉应力发生于截面上边缘各点处，大小为

$$\sigma_a = \frac{M_B y_2}{I_z} = \frac{30 \times 10^6 \times (230 - 157.5)}{6013 \times 10^4} = 36.2\text{MPa} < [\sigma_l]$$

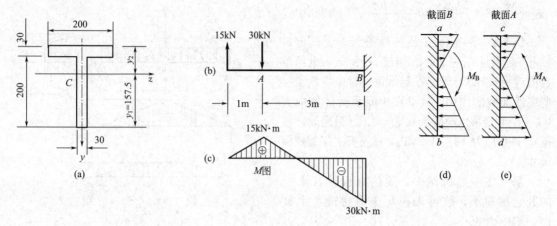

图 8-22　例 8-9 图

最大压应力发生于截面下边缘各点处，大小为

$$\sigma_b = \frac{M_B y_1}{I_z} = \frac{30 \times 10^6 \times 157.5}{6013 \times 10^4} = 78.6 \text{MPa} < [\sigma_y]$$

虽然截面 A 弯矩的绝对值 $|M_A| < |M_B|$，但 M_A 为正弯矩，应力分布如图 8-22（e）所示。最大拉应力发生于截面下边缘各点，此截面上最大拉应力大于最大压应力。因此，全梁最大拉应力究竟发生在哪个截面上，必须经过计算才能确定。

截面 A 最大拉应力为

$$\sigma_d = \frac{M_A y_1}{I_z} = \frac{15 \times 10^6 \times 157.5}{6013 \times 10^4} = 39.3 \text{MPa} < [\sigma_l]$$

从以上计算可看出，最大压应力发生于截面 B 下边缘处，最大拉应力发生于截面 A 下边缘处，都满足强度条件，因此是安全的。

第六节　提高弯曲强度的措施

前已指出，弯曲正应力是决定梁弯曲强度的主要因素，并给出了弯曲正应力的强度条件。在分析提高弯曲强度的途径时，主要也是从这一条件出发。根据

$$\sigma_{\max} = \frac{M_{\max}}{W_z} \leqslant [\sigma]$$

可见梁的弯曲不外是由弯矩、抗弯截面系数及材料性能（许用应力）三因素确定。所以提高梁的弯曲强度也主要是从提高抗弯截面系数、材料性能和降低最大弯矩着手，从而达到以较少的材料消耗，获得较高的抗弯强度，来满足工程上既安全又经济的要求。

一、选择合理的截面

1. 从截面系数来看

将弯曲正应力强度条件写成 $M_{\max} \leqslant [\sigma] W_z$，可知梁所能承受的最大弯矩 $M_{\max}$ 与抗弯截面系数 W_z 成正比，而梁消耗材料的多少又与截面面积 A 成正比，所以合理的截面形状应该是截面面积小，而截面系数较大。为便于比较各种截面的抗弯能力和经济程度，可用抗弯截面系数与截面面积的比值来衡量。此值愈大，则抗弯能力愈强，也就愈经济。

矩形截面　　　　　　　$$\frac{W}{A} = \frac{bh^2/6}{bh} = 0.167h$$

圆形截面

$$\frac{W}{A} = \frac{\pi d^3/32}{\pi d^2/4} = 0.125d$$

工字形截面

$$\frac{W}{A} = (0.27 \sim 0.31)h$$

由上可见，梁在平面弯曲时，矩形截面比圆形截面合理，工字形截面比矩形截面合理。根据梁弯曲正应力的分布规律也同样可以说明上述论断。由于梁截面上距中性轴愈远其正应力愈大，为了充分利用材料，应尽可能地把较多的材料放在正应力较大的地方，即应放在离中性轴较远的上下边缘处。而圆形截面恰恰相反，大部分材料集中在正应力较小的中性轴附近，这就使很大一部分材料没有充分利用，以致造成抗弯能力小和经济性差的结果。

为了充分利用材料，可将实心圆截面改为截面面积相等的圆环形截面，这就能使抗弯强度大大提高。同样，对矩形截面，也可将其中性轴附近的材料，移放到离中性轴较远的上下边缘处作翼板，形成工字形截面。这样材料的使用较为合理，从而提高了经济性。

以上讨论只是从抗弯强度方面考虑，在许多情况下，还必须综合考虑刚度、稳定性以及使用、加工等因素。例如对轴类构件，除了承受弯曲作用外，还要传递扭矩，这时则以圆形截面更为实用。对于矩形截面及工字形截面，增加高度可有效提高截面系数，但其截面高度也不能过大，宽度也不能过小，否则容易引起梁丧失稳定。

2. 从梁的内力分布规律来看

上面从梁截面系数出发，讨论了合理截面的选择问题。若从整个梁的内力分布规律来看，也有截面的合理安排从而充分利用材料的问题。从梁的整体来考虑，将梁的各横截面都做成相同的等截面梁，这是不够经济的。因为在设计等截面梁时，是根据危险截面上的最大弯矩来计算的。在其它弯矩较小的截面上，最大应力都没有达到许用应力值，所以材料没有充分利用。为了节省材料、减轻重量，从强度考虑，可在弯矩较大处采用较大的截面，而在弯矩较小处采用较小的截面。这种横截面沿着梁轴线变化的梁称为**变截面梁**。若将变截面梁设计为每一横截面上最大正应力均等于许用应力值，这种梁就称为**等强度梁**。

如图 8-23(a) 所示的实心等截面轴，可简化为简支梁 [图 8-23(b)]，其弯矩图如图 8-23(c) 所示，按等强度梁来设计可得梁的圆截面等强度梁的形状，如图 8-23(d) 所示，显然这种形状的轴在制造上是有困难的。对于机械传动轴，既要从等强度要求考虑，又要便于加工，同时还要考虑轴上零件的定位，因而大多做成阶梯形轴 [图 8-23(e)]。

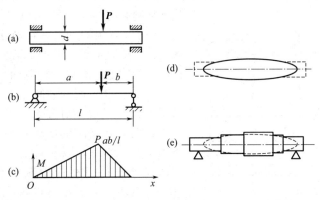

图 8-23　实心轴截面设计

常见的桥式起重机的轨道横梁［图 8-24(a)］，将两端做得小些，就是根据弯矩分布规律为两端较小、中间较大而设计的。随后发展为一种鱼腹式横梁［图 8-24(b)］，与等截面梁相比，可节约混凝土 30%～50%、节约钢材 30% 以上。鱼腹式横梁各横截面上最大正应力虽然均接近于许用应力值，但靠近中性轴处的应力仍很小，未发挥材料的作用。因而进一步发展成为空腹鱼腹式横梁［图 8-24(c)］，这就进一步降低了自重，提高了结构使用性能。

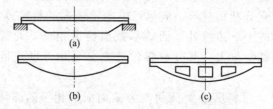

图 8-24　桥式起重机轨道横梁截面设计

二、选用合理的结构

梁的计算是以最大弯矩 M_{max} 为依据的。由梁的内力可知，最大弯矩与载荷及支座位置有关，所以选用合理的结构，合理地安排梁的受力状况，可以降低最大弯矩值，从而提高梁的强度，减小梁的截面尺寸。

1. 合理布置载荷及支座

图 8-25(a) 所示为一齿轮传动轴，若将齿轮尽量靠近左边轴承，使轴所受的集中力尽量靠近左支座［图 8-25 (b)］，则轴的最大弯矩值要比载荷作用在跨度中间小得多［图 8-25(c)］。另外，轴左端法兰盘与电动机连接，也紧靠左轴承，此时在考虑轴的弯曲强度时，可将左端外伸段的影响忽略不计。

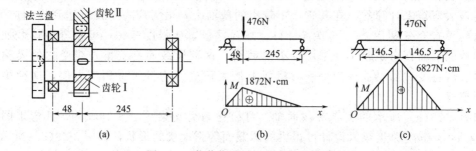

图 8-25　载荷位置对梁上弯矩的影响

图 8-26(a) 所示的桥式起重机横梁，若载荷作用在跨度的中点处，则最大弯矩为 $Pl/4$。如果用增加副梁的办法［图 8-26(b)］，则梁的最大弯矩减小到 $Pl/8$。由此可见，在设计中考虑梁上载荷布置时，如结构允许，尽可能将载荷分散作用到梁上，以改善梁的受力状况，提高梁的承载能力。

图 8-27(b) 所示的简支梁，承受均布载荷 q，若梁的跨度为 l，则最大弯矩 $M_{max} = 0.125ql^2$。如果将两端支座向里移动 $0.2l$［图 8-27(c)］，则 $M_{max} = 0.025ql^2$，只有前者的 1/5。因此，梁的截面尺寸也可以相应地减小。龙门吊车的横梁［图 8-27(a)］的支座不在两端而向中间移了一段距离就是这个道理。

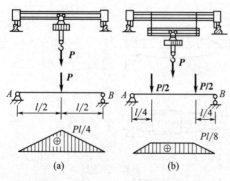

图 8-26　载荷布置对梁上弯矩的影响

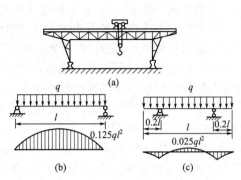 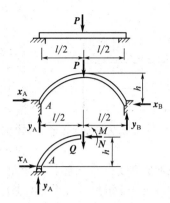

图 8-27 支座位置对梁上弯矩的影响   图 8-28 拱形结构

2. 采用拱形结构

为了充分发挥材料的特性，提高梁的承载能力，还可以采用拱形结构（图 8-28）。当拱受到压力时，在拱的两端支座除产生垂直支反力 y_A 外，还将产生阻止拱端向外移动的水平支反力 x_A，这样梁的中间截面的最大弯矩为 $M_{max}=\dfrac{1}{4}pl-x_Ah$，可见，最大截面比直梁减少了一个由水平反力引起的弯矩 x_Ah。若设计得当，可使两个弯矩之差减小到最低程度，从而大大地提高了抗弯强度。另外，截面上由于 x_A 引起的轴向压应力与弯曲正应力合成的结果使拉应力被抵消一部分，当轴向力达到足够大时，会使拉应力完全抵消，这就可以使一些抗拉能力较差而抗压能力较强的材料得到充分利用。

第七节 弯曲刚度简介

工程中有些受弯构件在载荷作用下虽能满足强度要求，但由于弯曲变形过大，刚度不足，仍不能保证构件正常工作，成为弯曲变形问题。例如，工厂中常用的吊车（图 8-29），当吊车主梁弯曲变形过大时，就会影响小车的正常运行，出现"爬坡"现象；机器中的传动轴（图 8-30），如果轴的弯曲变形过大，就会使齿轮啮合力沿齿宽分布极不均匀，加速齿轮的磨损，增加运转时的噪声和振动，同时还使轴承的工作条件恶化，降低使用寿命。因此，为了保证某些受弯构件的正常工作，必须把弯曲变形限制在一定的许可范围之内，使受弯构件满足刚度条件。

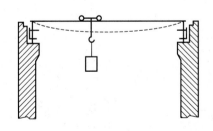 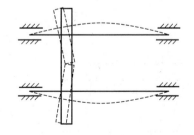

图 8-29 吊车主梁的弯曲变形   图 8-30 传动轴的弯曲变形

梁在发生弯曲变形时，若其最大工作应力不超过材料的弹性极限，梁的轴线由原来的直线变成曲线，变弯后的梁轴线称为**弹性曲线**。由弹性曲线可以看出梁的变形情况。梁的变形可以用**挠度**和**转角**表示。现以图 8-31 所示的悬臂梁为例加以说明，在载荷 P 作用下，图示

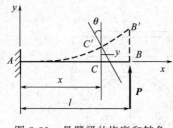

图 8-31　悬臂梁的挠度和转角

悬臂梁的轴线由原来的直线 AB 变成一条光滑平坦的曲线 AB'，这条曲线称为梁轴线的挠曲线。对于平面弯曲情形，该挠曲线是一条位于纵向对称平面内的平面曲线。假定梁内应力不超过弹性极限，梁的变形是弹性的，则梁轴线的挠曲线又称为平面弹性曲线，梁变形后，梁的任一截面的形心 C 沿着与原来梁轴线垂直的方向相对于原来的位置产生了一个线位移。这个位移称为该点的挠度，用 y 来表示，常用单位为 cm 或 mm。与此同时，梁的任一横截面 C 相对于原来的位置绕中性轴旋转了一个角度。这个角位移称为该截面的转角，用 θ 来表示，常用单位为 rad。挠度 y 和转角 θ 的正负号与所选的坐标系有关，在图 8-31 所选坐标系中，规定挠度 y 与坐标的正向一致者为正，反之为负；转角 θ 规定以逆时针转动为正，反之为负。

图 8-31 所示的悬臂梁，自由端受集中力作用，其最大挠度 y_{max} 和最大转角 θ_{max} 都产生于自由端截面 B 处。表 8-1 列出了几种简单情况下梁的挠度和转角计算公式（证明从略）。

表 8-1　梁在简单载荷作用下的挠度和转角

梁的形式及其载荷	最大挠度	梁端转角（绝对值）
(1)	$y_{max}=\dfrac{m_B l^2}{2EI}$	$\theta_B=\dfrac{m_B l}{EI}$
(2)	$y_{max}=\dfrac{Pl^3}{3EI}$	$\theta_B=\dfrac{Pl^2}{2EI}$
(3)	$y_{max}=\dfrac{Pa^2}{6EI}(3l-a)$	$\theta_B=\dfrac{Pa^2}{2EI}$
(4)	$y_{max}=\dfrac{ql^4}{8EI}$	$\theta_{max}=\dfrac{ql^3}{6EI}$
(5)	$y_C=\dfrac{m_B l^2}{16EI}$；$y_{max}=\dfrac{m_B l^2}{9\sqrt{3}EI}$（在 $x=\dfrac{l}{\sqrt{3}}$ 处）	$\theta_A=\dfrac{m_B l}{6EI}$；$\theta_B=\dfrac{m_B l}{3EI}$
(6)	$y_{max}=\dfrac{5ql^4}{384EI}$	$\theta_A=\dfrac{ql^3}{24EI}$；$\theta_B=\dfrac{ql^3}{24EI}$

梁的形式及其载荷	最大挠度	梁端转角（绝对值）
(7)	$y_{\max}=\dfrac{Pl^3}{48EI}$	$\theta_A=\dfrac{Pl^2}{16EI}$；$\theta_B=\dfrac{Pl^2}{16EI}$
(8)	$y_C=\dfrac{Pl^2a}{16EI}$ $y_D=\dfrac{Pa^2}{3EI}(l+a)$	$\theta_A=\dfrac{Pla}{6EI}$；$\theta_B=\dfrac{Pla}{3EI}$ $\theta_D=\dfrac{Pa}{6EI}(2l+3a)$

为了使梁具有足够的刚度，要限制梁的最大挠度和最大转角不超过某一规定数值。

工程规范中对一般构件的许用变形值都作了规定，基本许用转角用 $[\theta]$ 表示，许用挠度用 $[y]$ 表示。因此，构件的弯曲刚度条件，可写成下列不等式：

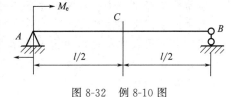

图 8-32　例 8-10 图

$$|y|_{\max}\leqslant[y]$$
$$|\theta|_{\max}\leqslant[\theta]$$

在不同的工作条件下规定有不同的数值，可以从有关设计规范和资料中查得。

例 8-10　如图 8-32 所示简支梁，已知 $E=200\text{GPa}$，$d=130\text{mm}$，$l=4\text{m}$，$M_e=4\text{kN}\cdot\text{m}$，求中点 C 的挠度及 A 点的角度。

解　由图 8-32 可知一力偶作用于简支梁的一端，查表 8-1 公式可知

$$y_C=\frac{m_A l^2}{16EI};\quad \theta_A=\frac{m_A l}{3EI}$$

将 $E=200\text{GPa}$，$d=130\text{mm}$，$l=4\text{m}$，$M_\theta=4\text{kN}\cdot\text{m}$，$I=\dfrac{\pi d^4}{64}$ 代入，得

$$y_C=1.43\text{mm};\quad \theta_A=1.9\times10^{-3}\text{rad}$$

通过试验我们发现，在小变形的情况下，梁截面的剪力、弯矩、转角和挠度都是载荷的线性函数。因此构件在载荷系作用下的效果，就等于各载荷单独作用下效果的叠加。也就是说，由载荷系引起的挠曲线就等于由各载荷单独作用时引起的挠曲线的叠加。在实际工作中，若载荷系可分解成已经知道其挠度的各载荷时，采用叠加法计算梁的变形使计算变得较简单。

例 8-11　图 8-33(a) 所示简支梁，承受均布载荷 q 和集中力 P 的作用，试求梁中点 C 的挠度（EI 为常数）。

解　首先把作用在梁上的载荷系分解为只有均布载荷 q 作用 [图 8-33(b)] 和只有集中力 P 作用 [图 8-33(c)] 的两种情形。从表 8-1 查得由均布载荷 q 引起的梁中点挠度为

$$y_{Cq}=-\frac{5qL^4}{384EI}$$

由集中力 P 引起的梁中点挠度为

$$y_{CP}=-\frac{PL^3}{48EI}$$

因此，由均布载荷 q 和集中力 P 共同作用下引起梁中点的总挠度为

$$y_C = -\frac{5qL^4}{384EI} - \frac{PL^3}{48EI}$$

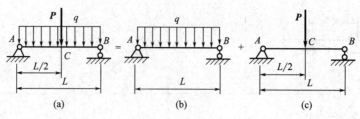

图 8-33 例 8-11 图

小 结

（1）梁在发生弯曲变形时，其横截面上作用有剪力和弯矩。对于任一横截面上剪力和弯矩的计算，采用的方法仍是截面法。而且，对剪力和弯矩的符号也作了规定，即剪力使梁的留下部分产生左端向上、右端向下相对错动时定为正号；反之为负号。弯矩使梁的变形向下凹时定为正号；反之为负号。

（2）整个梁各横截面的内力变化情况用 Q 图和 M 图来表示。作 Q 图和 M 图时，可列出各段剪力方程和弯矩方程来作，也可利用剪力、弯矩和分布载荷三者之间的关系直接来作。对于受力较复杂的梁，多采用后者来作 Q 图和 M 图。剪力、弯矩与分布载荷间的微分关系为

$$\frac{\mathrm{d}Q(x)}{\mathrm{d}x} = q(x); \quad \frac{\mathrm{d}M(x)}{\mathrm{d}x} = Q(x)$$

利用它们之间的微分关系，可得出几条重要规律。

① 在没有分布载荷的梁段上，Q 图为水平直线，M 图为斜直线。

② 在有向下的均布载荷作用的梁段上，Q 图是由左至右向下倾斜的直线，M 图是向上凸的抛物线；在有向上的均布载荷作用的梁段上，Q 图是由左至右向上倾斜的直线，M 图是向下凹的抛物线。

③ q 为一次函数时，Q 图为二次曲线，M 图为三次曲线。

④ 在梁上有集中力作用处，其左、右两侧横截面上的剪力值有突变，突变值大小等于该集中力的大小；而 M 图在集中力作用处有一转折点而成尖角。

⑤ 在梁上集中力偶作用处，其左、右两侧横截面上的弯矩值有突变，突变值等于该集中力偶的大小；而 Q 图上相应处并无变化。

（3）梁在发生弯曲变形时，横截面任一点上正应力的计算公式为

$$\sigma = \frac{My}{I_z}$$

最大正应力作用在横截面最外边缘处，最大正应力的计算公式为

$$\sigma_{max} = \frac{My_{max}}{I_z} = \frac{M}{W_z}$$

W_z 为抗弯截面系数。对于宽为 b、高为 h 的矩形截面，$W_z = \frac{bh^2}{6}$，对于直径为 d 的圆形截面，$W_z = \frac{\pi d^3}{32}$。

（4）弯曲正应力的强度条件为

$$\sigma_{max} = \frac{M_{max}}{W_z} \leqslant [\sigma]$$

（5）要对梁进行刚度计算时，采用下列刚度条件：

$$|y|_{max} \leqslant [y] ; \quad |\theta|_{max} \leqslant [\theta]$$

思 考 题

8-1 什么是平面弯曲？有纵向对称面的梁，外力怎样作用可以形成平面弯曲？

8-2 什么是梁横截面上的剪力和弯矩？如何计算？正负号怎样决定？

8-3 剪力、分布载荷集度、弯矩之间存在着什么关系？这些关系是怎样得出的？有什么用处？

8-4 梁的某一截面上的剪力如果等于零，这个截面上的弯矩有什么特点？

8-5 弯矩图有一段曲线，从对应的剪力图怎样判断这段曲线向上凸还是向下凹？

8-6 什么是中性层？怎样由纤维的拉伸、压缩变形得出横截面上正应力的分布规律？

8-7 什么是中性轴？如何证明中性轴必通过截面形心？

8-8 弯曲时正应力的计算公式是怎样导出的？

习 题

8-1 试用截面法求梁截面 C、D 上的剪力和弯矩。其中在集中载荷 P、均布载荷 q 及集中力偶 M 作用点的截面 C、D，应取在作用点的左边，并无限接近于作用点的截面。

8-2 试列出梁中各段的剪力方程及弯矩方程，画出剪力图和弯矩图，并求出 Q_{max} 及 M_{max} 值及其所在的截面位置。

8-3 试利用 q、Q、M 间的微分关系绘制下列各梁的剪力图、弯矩图。

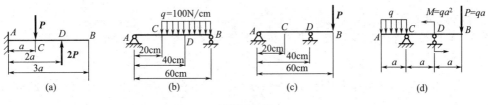

习题 8-1 图

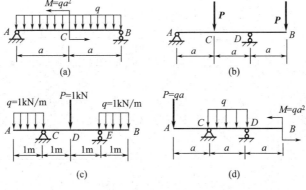

习题 8-2 图

8-4 把直径 $d=1mm$ 的钢丝绕在直径为 2m 的卷筒上，试计算该钢丝中产生的最大应力，设 $E=200GPa$（利用正应力的物理方程）。

8-5 简支梁受均布载荷如图所示。若分别采用截面面积相等的实心和空心圆截面，且 $D_1=40mm$，$\dfrac{d_2}{D_2}=\dfrac{3}{5}$，试分别计算它们的最大正应力，空心截面比实心截面的最大正应力

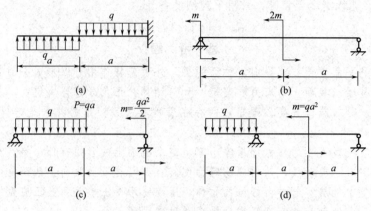

习题 8-3 图

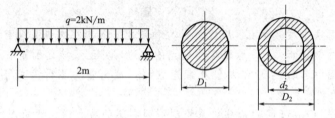

习题 8-5 图

减小了百分之几?

8-6　某圆轴的外伸部分系空心圆截面,载荷情况如图所示。试作该轴的弯矩图,并求轴内最大正应力。

8-7　矩形截面悬臂梁如图所示,已知 $l=4\text{m}$, $\dfrac{b}{h}=\dfrac{2}{3}$, $q=10\text{kN/m}$, $[\sigma]=10\text{MPa}$,试确定此梁横截面的尺寸。

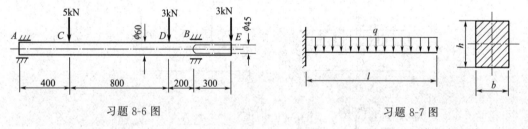

习题 8-6 图　　　　　　　　　　　　习题 8-7 图

8-8　简支梁如图所示。试求 I—I 截面 A、B 点处的正应力,并画出该截面上的正应力分布图。

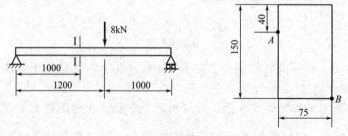

习题 8-8 图

8-9　图示矩形截面钢梁，承受集中载荷 F 与集度为 q 的均布载荷作用，试确定截面尺寸 b。已知载荷 $F=10\mathrm{kN}$，$q=5\mathrm{N/mm}$，许用应力 $[\sigma]=160\mathrm{MPa}$。

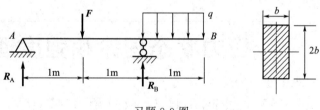

习题 8-9 图

8-10　图示外伸梁，承受载荷 F 作用。已知载荷 $F=20\mathrm{kN}$，许用应力 $[\sigma]=160\mathrm{MPa}$，试选择工字钢型号。

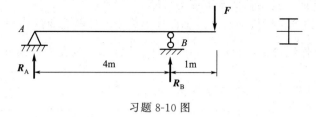

习题 8-10 图

第九章

应力状态理论和强度理论

第一节　轴向拉压杆斜截面上的应力

从第五章中得出轴向拉伸与压缩杆横截面上的正应力的公式 $\sigma=\dfrac{N}{A}$，为了更全面地了解杆内的应力情况，下面研究斜截面上的应力计算。

图 9-1(a) 所示的等直杆拉伸时，设轴向拉力为 $\boldsymbol{P}$，轴横截面的面积为 A，过轴内 M 点的横截面 B—B 上只作用着正应力 σ，$\sigma=\dfrac{P}{A}$ [图 9-1(b)]。现在来讨论过 M 点与横截面 B—B 夹角为 α 的斜截面 K—K 上的应力情况，K—K 截面的面积 $A_\alpha=\dfrac{A}{\cos\alpha}$，应用截面法求 K—K 面上所受的内力 N_α，假想用平面沿 K—K 面将杆件切开，分为两部分，考虑杆左段部分的平衡条件 [图 9-1(c)]，则

$$N_\alpha=P$$

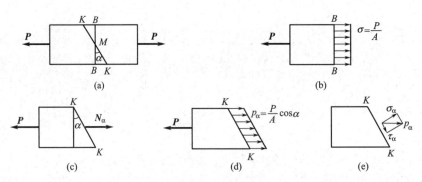

图 9-1　斜截面上的应力

按照横截面上正应力的分析方法，可得出斜截面上的应力均匀分布的结论，其方向与 N_α 一致 [图 9-1(d)]，K—K 截面上的应力 p_α 为

$$p_\alpha=\frac{N_\alpha}{A_\alpha}=\frac{P}{A/\cos\alpha}=\frac{P}{A}\cos\alpha=\sigma\cos\alpha$$

将 p_α 分解为垂直于斜截面的正应力 σ_α 和相切于斜截面的切应力 τ_α [图 9-1(e)]，由几何关系可得

$$\left.\begin{array}{l}\sigma_\alpha=p_\alpha\cos\alpha=\sigma\cos^2\alpha\\[2mm]\tau_\alpha=p_\alpha\sin\alpha=\dfrac{1}{2}\sigma\sin2\alpha\end{array}\right\} \tag{9-1}$$

由式(9-1)可知，斜截面上的应力 σ_α 和 τ_α 均为 α 的函数。这表明，轴向拉压杆内同一点的不同斜截面上的应力是不同的。显然，当 $\alpha=0°$ 时，σ_α 最大，其值为 $\sigma_{\max}=\sigma$，即最大正应力在横截面上；当 $\alpha=45°$ 时，$\tau_\alpha=\sigma/2$，即最大切应力在与轴线成 $45°$ 的斜截面上，这就可

以解释为什么在低碳钢拉伸试验中，屈服时与试样轴线成 45°的方向出现滑移线。

第二节 应力状态的概念

一、一点的应力状态

前面各章对杆件的强度分析，主要是研究杆件横截面上的应力分布规律，找出危险截面上正应力或切应力最大的点进行强度计算。即使如此，杆件的强度破坏也不总是发生在横截面上，也有发生在斜截面上的。例如，铸铁圆试样的压缩和扭转破坏都是发生在沿轴线约 45°的斜截面上。从轴向拉压杆斜截面上应力公式（9-1）可以看出，通过受力构件内一点处所截取的截面方位不同，截面上应力的大小和方向也是不同的。

工程上许多构件的受力形式较为复杂。例如，一般机械中的传动轴往往表现为受到弯曲和扭转的同时作用，危险截面上的危险点处同时存在着最大正应力和最大切应力。为了分析各种破坏现象，建立组合变形下的强度条件，必须研究受力构件某一点处的各个不同方位截面上的应力情况，即研究**一点的应力状态**。

二、一点应力状态的研究方法

为了研究构件内某点的应力状态，可以在该点处截取一个微小的正六面体——单元体来分析。假想围绕该点截取微小正六面体作为分离体，然后给出分离体各侧面上的应力，即单元体。

应该指出，所截取的单元体是极其微小的正六面体，可以认为单元体各面上的应力均匀分布。在材料力学中还认为，单元体平行面上应力的大小和性质都是一样的，任意一对平行侧面上的应力代表着通过所研究的点，并与上述侧面平行的面上的应力。单元体六个面上的应力，代表通过该点互相垂直的三个截面上的应力。材料力学还认为，单元体处于平衡状态，虽然每对侧面上应力的大小、性质相同，但所画应力的方向相反。从所截取的单元体出发，根据其各侧面上的已知应力，借助于截面法和静力平衡条件，可求出单元体任何斜截面上的应力，从而确定点的应力状态，这是研究一点的应力状态的基本方法。通常围绕某点截取单元体时，总是让单元体各侧面上的应力已知或可求出。

三、主平面、主应力及应力状态的分类

一般来说，单元体上各个面上既存在正应力 σ，又存在切应力 τ。单元体的三个互相垂直的面上都无切应力，这种切应力等于零的面称为**主平面**。主平面上的正应力称为**主应力**。一般说，通过受力构件的任意点皆可找到三个互相垂直的主平面组成的单元体，称为**主单元体**，因而每一点都有三个主应力。相应的三个主应力，分别用 σ_1、σ_2、σ_3 表示，并规定按它们的代数值大小顺序排列，即 $\sigma_1 \geqslant \sigma_2 \geqslant \sigma_3$。

对简单拉伸（或压缩）来说，三个主应力中只有一个不等于零，称为**单向应力状态**。若三个主应力中有两个不等于零，称为**二向应力状态**或**平面应力状态**。当三个主应力皆不等于零时，称为**三向应力状态**或**空间应力状态**。单向应力状态称为简单应力状态，二向应力状态和三向应力状态统称为复杂应力状态。

第三节 平面应力状态分析

本节用解析法讨论二向应力状态下，在已知通过一点的某些截面上的应力后，如何确定通过这一点的其它截面上的应力，从而确定主应力和主平面。

一、平面应力状态分析的解析法

为了叙述问题的方便，先介绍二向应力状态单元体各部分的名称。图 9-2(a) 所示为建立了坐标系的二向应力状态的单元体。图 9-2(b) 所示为单元体的正投影，左、右侧面以 x 轴为外法线，称为 x 面。同理，上、下面称为 y 面，前、后面称为 z 面。外法线 n 与 x 轴夹角为 α 的面称为 α 面，α 角称为 α 面的方位角，又称为 α 面法线 n 的方位角。规定从 x 轴开始，逆时针旋转所得的 α 角为正值，顺时针旋转所得的 α 角为负值。σ_x、τ_{xy} 是 x 面上的正应力和切应力，σ_y 和 τ_{yx} 是 y 面上的正应力和切应力。切应力 τ_{xy}（或 τ_{yx}）有两个角标，第一个角标 x（或 y）表示切应力的作用面，第二个角标 y（或 x）表示切应力的方向平行于 y 轴（或 x 轴）。关于应力的符号规定为：正应力以拉应力为正、压应力为负；切应力对单元体内任意点的矩为顺时针转向时，规定为正；反之为负。按照上述符号规则，在图 9-2(a) 中，σ_x、σ_y、τ_{xy} 皆为正，τ_{yx} 为负。

在图 9-2(a) 中，设 σ_x、σ_y、τ_{xy}、τ_{yx} 均已知，取任意斜截面 ef 的方位角 $\alpha > 0$，用截面法求 ef 面上的正应力 σ_α 和切应力 τ_α。假想沿截面 ef 把单元体分成两部分，研究三棱柱 aef 部分的平衡 [图 9-2(c)]。由于作用在三棱柱各平面上的应力是单位面积上的内力，所以必须将应力乘以其作用面的面积后，才能建立静力平衡之间的关系。设 ef 面的面积为 $\mathrm{d}A$，则 af 面和 ae 面的面积应分别是 $\mathrm{d}A\sin\alpha$ 和 $\mathrm{d}A\cos\alpha$ [图 9-2(d)]。把作用于 aef 部分上的力投影于 ef 面的外法线 n 和切线 t 的方向，所得平衡方程为

$$\sum F_n = 0 \quad \sigma_\alpha \mathrm{d}A + (\tau_{xy}\mathrm{d}A\cos\alpha)\sin\alpha - (\sigma_x\mathrm{d}A\cos\alpha)\cos\alpha + (\tau_{yx}\mathrm{d}A\sin\alpha)\cos\alpha - (\sigma_y\mathrm{d}A\sin\alpha)\sin\alpha = 0$$

$$\sum F_t = 0 \quad \tau_\alpha \mathrm{d}A - (\tau_{xy}\mathrm{d}A\cos\alpha)\cos\alpha - (\sigma_x\mathrm{d}A\cos\alpha)\sin\alpha + (\sigma_y\mathrm{d}A\sin\alpha)\cos\alpha + (\tau_{yx}\mathrm{d}A\sin\alpha)\sin\alpha = 0$$

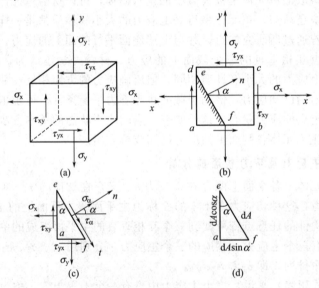

图 9-2　平面应力状态

根据切应力互等定理，τ_{xy} 和 τ_{yx} 在数值上相等，以 τ_{xy} 代换 τ_{yx} 得

$$\sigma_\alpha = \sigma_x\cos^2\alpha + \sigma_y\sin^2\alpha - (2\tau_{xy})\sin\alpha\cos\alpha$$

$$\tau_\alpha = (\sigma_x - \sigma_y)\sin\alpha\cos\alpha + \tau_{xy}(\cos^2\alpha - \sin^2\alpha)$$

可利用三角关系

$$\sin^2\alpha = \frac{1 - \cos 2\alpha}{2}$$

$$\cos^2\alpha = \frac{1 + \cos 2\alpha}{2}$$

$$2\sin\alpha\cos\alpha = \sin2\alpha$$

简化上列两个平衡方程，最后得

$$\sigma_\alpha = \frac{\sigma_x + \sigma_y}{2} + \frac{\sigma_x - \sigma_y}{2}\cos2\alpha - \tau_{xy}\sin2\alpha \tag{9-2}$$

$$\tau_\alpha = \frac{\sigma_x - \sigma_y}{2}\sin2\alpha + \tau_{xy}\cos2\alpha \tag{9-3}$$

由以上公式可以求出方位角 α 为任意值的斜截面 ef 上的应力。公式表明，斜截面上的正应力 σ_α 和切应力 τ_α 随 α 角的改变而变化，即 σ_α 和 τ_α 都是 α 的函数。利用以上公式便可确定正应力和切应力的极值，并确定它们所在平面的位置。

二、平面应力状态主应力的大小和方向

为求最大和最小正应力所在平面的方位，将公式（9-2）对 α 取导数得

$$\frac{\mathrm{d}\sigma_\alpha}{\mathrm{d}\alpha} = -2\left[\frac{\sigma_x - \sigma_y}{2}\sin2\alpha + \tau_{xy}\cos2\alpha\right] \tag{a}$$

若 $\alpha = \alpha_0$ 时，能使导数 $\dfrac{\mathrm{d}\sigma_\alpha}{\mathrm{d}\alpha} = 0$，则在 α_0 所确定的截面上，正应力即为最大值或最小值。以 α_0 代入式（a）；并令其等于零，得到

$$\frac{\sigma_x - \sigma_y}{2}\sin2\alpha_0 + \tau_{xy}\cos2\alpha_0 = 0 \tag{b}$$

由此得出

$$\tan2\alpha_0 = -\frac{2\tau_{xy}}{\sigma_x - \sigma_y} \tag{9-4}$$

由式（9-4）可以求出 α_0 的两个数值：α_0 和 $\alpha_0 + 90°$。这表明两个主平面是相互垂直的，两个主应力也必相互垂直，其中一个是最大正应力所在的平面，另一个是最小正应力所在的平面。比较公式（9-3）和式（b），可见满足式（b）的 α_0 角恰好使 τ_α 等于零。也就是说，在切应力等于零的平面上，正应力为最大值或最小值。因为切应力为零的平面是主平面，主平面上的正应力是主应力，所以主应力就是最大或最小的正应力。从式（9-4）求出 $\sin2\alpha_0$ 和 $\cos2\alpha_0$，代入式（9-2），求得最大及最小的正应力为

$$\left.\begin{array}{r}\sigma_{max}\\ \sigma_{min}\end{array}\right\} = \frac{\sigma_x + \sigma_y}{2} \pm \sqrt{\left(\frac{\sigma_x - \sigma_y}{2}\right)^2 + \tau_{xy}^2} \tag{9-5}$$

在平面应力状态下，已知一个主应力为零，则根据 σ_{max} 和 σ_{min} 代数值的大小，按 $\sigma_1 \geqslant \sigma_2 \geqslant \sigma_3$ 排列次序，定出平面应力状态下的三个主应力。

用完全相似的方法，可以确定最大和最小切应力以及它们所在的平面。单元体某截面上的最大切应力为

$$\left.\begin{array}{r}\tau_{max}\\ \tau_{min}\end{array}\right\} = \pm\sqrt{\left(\frac{\sigma_x - \sigma_y}{2}\right)^2 + \tau_{xy}^2} = \frac{\sigma_{max} - \sigma_{min}}{2} \tag{9-6}$$

最大切应力所在平面的方位角为 $\alpha_1 = \alpha_0 + 45°$，与主平面的夹角为 $45°$。

例 9-1　讨论圆轴扭转时的应力状态，并分析铸铁试件受扭时的破坏现象。

解　根据第七章讨论，圆轴扭转时，在横截面的边缘处切应力最大，其数值为

$$\tau = \frac{T}{W_p} \tag{c}$$

在圆轴的最外层，按图 9-3（a）所示方式取出单元体 $ABCD$，单元体各面上的应力如图 9-3（b）所示。在这种情况下，有

$$\sigma_x = \sigma_y = 0;\ \tau_{xy} = \tau \tag{d}$$

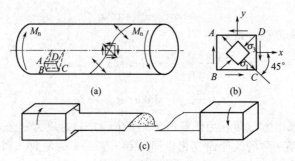

图 9-3　纯剪切应力状态

单元体侧面上只有切应力作用，而无正应力作用的这种应力状态称为**纯剪切应力状态**。把式（d）代入式（9-5）得

$$\left.\begin{array}{r}\sigma_{max}\\\sigma_{min}\end{array}\right\}=\frac{\sigma_x+\sigma_y}{2}\pm\sqrt{\left(\frac{\sigma_x-\sigma_y}{2}\right)^2+\tau_{xy}{}^2}=\pm\tau$$

由式（9-4）得

$$\tan2\alpha_0=-\frac{2\tau_{xy}}{\sigma_x-\sigma_y}\rightarrow-\infty$$

所以

$$2\alpha_0=-90°或-270°$$

即

$$\alpha_0=-45°或\alpha_0=-135°$$

以上结果表明，从 x 轴量起，由 $\alpha_0=-45°$（顺时针方向）所确定的主平面上的主应力为 σ_{max}；而由 $\alpha_0=-135°$ 所确定的主平面上的主应力为 σ_{min}。按照主应力的记号规定：

$$\sigma_1=\sigma_{max}=\tau；\sigma_2=0；\sigma_3=\sigma_{min}=-\tau$$

所以，纯剪切是二向应力状态，两个主应力的绝对值相等，都等于切应力 τ，但一个为拉应力，一个为压应力。

圆截面铸铁试件扭转时，表面各点 σ_{max} 所在的主平面连成倾角为 45°的螺旋面［图 9-3(a)］。由于铸铁抗拉强度较低，试件将沿这一螺旋面因拉伸而发生断裂破坏，如图 9-3(c) 所示。

例 9-2　图 9-4(a) 所示为一横力弯曲下的梁，求得截面 m—n 上的弯矩 M 及剪力 Q 后，算出截面上一点 A 处弯曲正应力和切应力分别为 $\sigma=-70MPa$，$\tau=50MPa$［图 9-4(b)］。试确定 A 点处的主应力及主平面的方位，并讨论同一横截面上其它点处的应力状态。

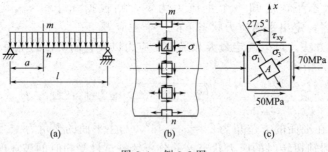

图 9-4　例 9-2 图

解　把从 A 点处截取的单元体放大如图 9-4(c) 所示。选定 x 轴的方向垂直向上，则

$$\sigma_x=0；\sigma_y=-70MPa；\tau_{xy}=-50MPa$$

由式（9-4）得

$$\tan2\alpha_0=-\frac{2\tau_{xy}}{\sigma_x-\sigma_y}=-\frac{2\times(-50)}{0-(-70)}=1.429$$

故　　　　　　　　　　　　$2\alpha_0 = 55°$ 或 $235°$

则　　　　　　　　　　　　$\alpha_0 = 27.5°$ 或 $117.5°$

从 x 轴量起，按逆时针方向量取 $27.5°$，确定 $\sigma_{\max}$ 所在主平面，以同一方向量取 $117.5°$，确定 $\sigma_{\min}$ 所在的另一主平面。至于这两个主应力的大小，则可由式（9-5）求出：

$$\left.\begin{array}{c}\sigma_{\max}\\\sigma_{\min}\end{array}\right\} = \frac{\sigma_x + \sigma_y}{2} \pm \sqrt{\left(\frac{\sigma_x + \sigma_y}{2}\right)^2 + \tau_{xy}^2} = \frac{0 + (-70)}{2} \pm \sqrt{\left[\frac{0 - (-70)}{2}\right]^2 + (-50)^2} = \left\{\begin{array}{c}26\text{MPa}\\-96\text{MPa}\end{array}\right.$$

按照关于主应力的记号规定

$$\sigma_1 = 26\text{MPa}；\sigma_2 = 0；\sigma_3 = -96\text{MPa}$$

主应力及主平面的位置已表示于图 9-4(c) 中。

第四节　强度理论的概念

一、强度理论的概念

前几章中，轴向拉压、圆轴扭转和平面弯曲的强度条件，可用 $\sigma_{\max} \leqslant [\sigma]$ 或 $\tau_{\max} \leqslant [\tau]$ 形式表示，许用应力 $[\sigma]$ 或 $[\tau]$ 是通过材料试验测出失效（断裂或屈服）时的极限应力再除以安全系数后得出的，可见基本变形的强度条件是以试验为基础的。

工程中构件的受力形式较为复杂，构件中的危险点常处于复杂应力状态。如果想通过类似基本变形的材料试验方法，测出失效时的极限应力是极其困难的。主要原因是：复杂应力状态下，材料的失效与三个主应力的不同比例组合有关，从而需要进行无数次的试验；另外，模拟构件的复杂受力形式所需的设备和试验方法也难以实现。所以，要想直接通过材料试验的方法来建立复杂应力状态下的强度条件是不现实的。于是，在试验观察、理论分析、实践校验的基础上，逐渐形成了这样的认识：材料按某种方式的失效（如断裂或屈服）主要是某一因素（如应力、应变或变形能等）引起的，与材料的应力状态相关，只要导致材料失效的这一因素达到极限值，构件就会破坏。这样，人们找到了一条利用简单应力状态的试验结果来建立复杂应力状态下强度条件的途径，这些推测材料失效因素的假说称为强度理论。

试验和实践表明，材料破坏的形式主要有塑性屈服和脆性断裂两种。塑性屈服是指材料由于出现屈服现象或发生显著塑性变形而产生的破坏。例如，低碳钢拉伸时出现屈服现象，此时晶格沿最大切应力平面发生滑移。脆性断裂是指不出现显著塑性变形的破坏。例如，灰铸铁拉伸时沿拉应力最大的横截面断裂而无明显的塑性变形。

塑性屈服和脆性断裂不仅与材料有关，而且还与应力状态等因素有关。例如，低碳钢在三向拉应力状态时，就会出现脆性断裂。灰铸铁在三向压应力状态时，会出现显著的塑性变形。

二、四种常见的强度理论

（一）最大拉应力理论——第一强度理论

这一理论认为，引起材料断裂破坏的主要因素是最大拉应力，即无论材料处于何种应力状态，只要危险点处的最大拉应力 σ_1 达到材料轴向拉伸时的极限应力 σ_b，材料即发生脆性断裂破坏。按此理论，发生断裂破坏的条件为

$$\sigma_1 = \sigma_b$$

将极限应力除以安全系数，得到许用应力，于是按最大拉应力理论建立的强度条件为

$$\sigma_1 \leqslant [\sigma] \tag{9-7}$$

铸铁等脆性材料在单向拉伸时的断裂破坏发生于拉应力最大的横截面上。脆性材料的扭

转破坏，也是沿拉应力最大的斜面发生断裂。这些都与最大拉应力理论相符。这个理论没有考虑其它两个主应力的影响，而且对没有拉应力的应力状态（如单向压缩、三向压缩等）也无法应用。

（二）最大拉应变理论——第二强度理论

这一理论认为，引起材料断裂破坏的主要因素是最大拉应变 ε_1，即无论材料处于何种应力状态，只要危险点处的最大拉应变 ε_1 达到材料轴向拉伸时的极限应变 ε_0，材料即发生断裂破坏。按此理论，其破坏条件为

$$\varepsilon_1 = \varepsilon_0$$

经理论推导得到相应的强度条件为

$$\sigma_1 - \mu(\sigma_2 + \sigma_3) \leqslant [\sigma] \tag{9-8}$$

这一理论对石料或混凝土受压时沿纵向断裂的现象，能得到很好的解释，但未被金属材料的试验所证实。

（三）最大切应力理论——第三强度理论

这一理论认为，引起材料屈服破坏的主要因素是最大切应力 τ_{max}，即无论材料处于何种应力状态，只要危险点的最大切应力达到材料轴向拉伸时的极限切应力 τ^0，材料就发生塑性屈服破坏。按此理论，材料塑性屈服破坏条件（又称屈服条件）为

$$\tau_{max} = \tau^0$$

在复杂应力状态下，$\tau_{max} = \dfrac{\sigma_1 - \sigma_3}{2}$，在轴向拉伸时，横截面上的拉应力达到极限应力 σ_s 时，与轴线成 $45°$ 的斜截面上的极限切应力 $\tau^0 = \dfrac{\sigma_s}{2}$，于是破坏条件改写为

$$\sigma_1 - \sigma_3 = \sigma_s$$

相应的强度条件为

$$\sigma_1 - \sigma_3 \leqslant [\sigma] = \frac{\sigma^0}{n} = \frac{\sigma_s}{n} \tag{9-9}$$

试验表明，这一理论能较满意地解释塑性材料出现的塑性变形现象，如常用的 Q235A、45 钢、铜、铝等，但是它未考虑到主应力 σ_2 对材料屈服的影响。

（四）形状改变比能理论——第四强度理论

构件在受力后，其形状和体积都会发生改变，同时构件内部也蓄积了一定的变形能。因此，积蓄在单位体积内的变形能包括两部分：即体积改变能和因形状改变而产生的畸变能。在复杂应力状态作用下，形状改变比能的表达式为

$$u_d = \frac{1+\mu}{6E}[(\sigma_1 - \sigma_2)^2 + (\sigma_2 - \sigma_3)^2 + (\sigma_3 - \sigma_1)^2] \tag{9-10}$$

形状改变比能理论认为，引起材料屈服的主要因素是形状改变比能。也就是说，无论材料处于何种应力状态，只要形状改变比能 u_d 达到材料轴向拉伸时的极限形状改变比能 u_{ds}^0，材料就会发生塑性屈服破坏，其破坏条件为

$$u_d = u_{ds}^0$$

在轴向拉伸下情况下，极限形状改变比能为

$$u_{ds}^0 = \frac{(1+\mu)}{3E}\sigma_s^2$$

于是破坏条件可改写为

$$\sqrt{\frac{1}{2}[(\sigma_1 - \sigma_2)^2 + (\sigma_2 - \sigma_3)^2 + (\sigma_3 - \sigma_1)^2]} = \sigma_s$$

相应的强度条件为

$$\sqrt{\frac{1}{2}\left[(\sigma_1-\sigma_2)^2+(\sigma_2-\sigma_3)^2+(\sigma_3-\sigma_1)^2\right]}\leqslant[\sigma] \tag{9-11}$$

试验表明，对于塑性材料，第四强度理论比第三强度理论更符合试验结果。这两个强度理论在工程中都得到广泛的应用。

上述四种理论的强度条件可以写成如下统一的形式：

$$\sigma_{xd}\leqslant[\sigma] \tag{9-12}$$

式中，σ_{xd} 称为**相当应力**，各种强度理论相当应力分别为

$$\left.\begin{aligned}
\sigma_{xd1}&=\sigma_1\\
\sigma_{xd2}&=\sigma_1-\mu(\sigma_2+\sigma_3)\\
\sigma_{xd3}&=\sigma_1-\sigma_3\\
\sigma_{xd4}&=\sqrt{\frac{1}{2}\left[(\sigma_1-\sigma_2)^2+(\sigma_2-\sigma_3)^2+(\sigma_3-\sigma_1)^2\right]}
\end{aligned}\right\} \tag{9-13}$$

关于四种强度理论的应用，将在下面进行讨论。

三、四种强度理论的适用范围

材料的失效是一个极其复杂的问题，四种常用的强度理论都是在一定的历史条件下产生的，受到经济发展和科学技术水平的制约，都有一定的局限性。大量的工程实践和试验结果表明，上述四种强度理论的适用范围与材料的类别和应力状态等有关。

（1）脆性材料通常以断裂形式失效，宜采用第一或第二强度理论。

（2）塑性材料通常以屈服形式失效，宜采用第三或第四强度理论。

（3）在三向拉伸应力状态下，如果三个拉应力相近，无论是塑性材料或脆性材料都将以断裂的形式失效，宜采用第一强度理论。

（4）在三向压缩应力状态下，如果三个压应力相近，无论是塑性材料或脆性材料都可引起塑性变形，宜采用第三或第四强度理论。

在复杂应力状态下，对构件进行强度计算，其基本步骤如下。

（1）从构件危险点处截取单元体，算出 σ_1、σ_2、σ_3 的值。

（2）选用适当的强度理论，算出相当应力 σ_{xd}。

（3）选定材料的许用应力 $[\sigma]$。

（4）建立强度条件，对构件进行强度计算或强度校核。

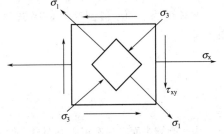

图 9-5 例 9-3 图

例 9-3 有一铸铁构件，危险点处单元体如图 9-5 所示，其上的应力 $\sigma_x=30\text{MPa}$，$\sigma_y=0$，$\tau_{xy}=20\text{MPa}$。已知材料的许用拉应力 $[\sigma]=45\text{MPa}$，许用压应力 $[\sigma_y]=160\text{MPa}$，试校核其强度。

解

（1）求主应力值：将已知应力 σ_x、σ_y、τ_{xy} 代入式（9-5）可得

$$\left.\begin{aligned}\sigma_{\max}\\\sigma_{\min}\end{aligned}\right\}=\frac{\sigma_x+\sigma_y}{2}\pm\sqrt{\left(\frac{\sigma_x-\sigma_y}{2}\right)^2+\tau_{xy}^2}=\frac{\sigma_x}{2}\pm\sqrt{\left(\frac{\sigma_x}{2}\right)^2+\tau_{xy}^2}=\frac{30}{2}\pm\sqrt{\left(\frac{30}{2}\right)^2+20^2}=\begin{cases}+40\text{MPa}\\-10\text{MPa}\end{cases}$$

亦即主应力 $\sigma_1=40\text{MPa}$、$\sigma_2=0$、$\sigma_3=-10\text{MPa}$，可知是二向应力状态，应该利用强度理论进行强度校核。

（2）计算相当应力：铸铁属于脆性材料，可选择最大拉应力理论。由式（9-13）计算相当应力为

$$\sigma_{xd1} = \sigma_1 = 40\text{MPa}$$

（3）强度校核：由式（9-12）得

$$\sigma_{xd1} = 40\text{MPa} < [\sigma] = 45\text{MPa}$$

可知，按最大拉应力理论进行计算，此构件的强度是足够的。

例 9-4 如图 9-6（a）所示圆筒形薄壁容器（壁厚 t 远小于直径 D），受到流体内压力 p 的作用。已知 $D=1\text{m}$，$p=3.6\text{MPa}$，容器材料的许用应力 $[\sigma]=160\text{MPa}$。试按第三和第四强度理论设计容器壁厚 t。

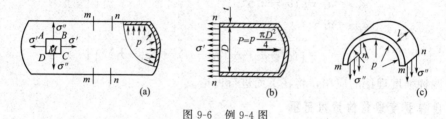

图 9-6 例 9-4 图

解 由于内压力 p 的作用，在圆筒横截面上引起正应力 σ'[图 9-6（b）]、σ''[图 9-6（c）]，若用一对横截面和一对纵向截面（包括圆筒轴线），在圆筒 M 点处截取单元体 $ABCD$，则单元体的上、下面上作用着应力 σ''，左、右面上作用着应力 σ' [图 9-6（a）]。用横截面截取圆筒右部分为研究对象 [图 9-6（b）]，由其平衡条件：

$$\sum F_x = 0 \qquad \sigma'(\pi D t) - p\frac{\pi D^2}{4} = 0$$

求得

$$\sigma' = \frac{pD}{4t}$$

在长度为 l 的一段圆筒上，用纵截面截取圆筒上半部分（包括流体）为研究对象，由平衡条件：

$$\sum F_y = 0 \qquad 2\sigma'' t l - p L D = 0$$

求得

$$\sigma'' = \frac{pD}{2t}$$

由于圆筒表面上只有正应力而没有切应力，可知单元体的三个主应力为 $\sigma_1 = \sigma''$，$\sigma_2 = \sigma'$，$\sigma_3 = 0$。按第三强度理论设计壁厚 t：

$$\sigma_{xd3} = \sigma_1 - \sigma_3 = \frac{pD}{2t} \leqslant [\sigma]$$

$$t \geqslant \frac{pD}{2[\sigma]} = \frac{3.6 \times 10^6 \times 1000}{2 \times 160 \times 10^6} = 11.25\text{mm}$$

按第四强度理论设计壁厚 t：

$$\sigma_{xd4} = \sqrt{\frac{1}{2}\left[(\sigma_1-\sigma_2)^2 + (\sigma_2-\sigma_3)^2 + (\sigma_3-\sigma_1)^2\right]} \leqslant [\sigma]$$

$$t \geqslant \frac{\sqrt{3}pD}{4[\sigma]} = \frac{\sqrt{3} \times 3.6 \times 10^6 \times 1000}{4 \times 160 \times 10^6} = 9.75\text{mm}$$

上述结果都可采用，但按第四强度理论设计，比较经济，节省材料。

小 结

（1）受力构件内一点处各截面上的应力情况，称为点的应力状态。研究点的应力状态的基本方法是：以从该点周围处分离出的单元体为研究对象，单元体各侧面上已知应力为基础，使用截面法和静力平衡条件，求过该点各截面上的应力（即单元体各斜截面上的应力）。

（2）点的应力状态分为单向应力状态、二向应力状态、三向应力状态。二向应力状态和三向应力状态又统称为复杂应力状态。

（3）研究二向应力状态的方法有解析法和图解法。本章重点讲述解析法：

① 二向应力状态 α 斜截面上正应力、切应力的计算公式为

$$\sigma_\alpha = \frac{\sigma_x + \sigma_y}{2} + \frac{\sigma_x - \sigma_y}{2}\cos2\alpha - \tau_{xy}\sin2\alpha$$

$$\tau_\alpha = \frac{\sigma_x - \sigma_y}{2}\sin2\alpha + \tau_{xy}\cos2\alpha$$

② 二向应力状态最大正应力、最小正应力——主应力和主平面方位角的计算公式为

$$\left.\begin{array}{c}\sigma_{max}\\\sigma_{min}\end{array}\right\} = \frac{\sigma_x + \sigma_y}{2} \pm \sqrt{\left(\frac{\sigma_x - \sigma_y}{2}\right)^2 + \tau_{xy}^2}$$

$$\tan2\alpha_0 = -\frac{2\tau_{xy}}{\sigma_x - \sigma_y}$$

（4）强度理论是关于材料在复杂应力状态下发生破坏的假说和构件强度计算的准则。重点是常用强度理论以及复杂应力状态下构件的强度计算。

（5）材料破坏的基本形式有两种：脆性断裂破坏和塑性屈服破坏。脆性断裂发生在最大拉应力作用的截面上。塑性屈服是在最大切应力所作用的截面上，产生较大的塑性变形。

（6）常用的强度理论有四种：最大拉应力理论、最大拉应变理论、最大切应力理论和形状改变比能理论。相应的强度条件分别为

$$\sigma_1 \leqslant [\sigma]$$

$$\sigma_1 - \mu(\sigma_2 + \sigma_3) \leqslant [\sigma]$$

$$\sigma_1 - \sigma_3 \leqslant [\sigma]$$

$$\sqrt{\frac{1}{2}\left[(\sigma_1 - \sigma_2)^2 + (\sigma_2 - \sigma_3)^2 + (\sigma_3 - \sigma_1)^2\right]} \leqslant [\sigma]$$

思 考 题

9-1 什么是一点处的应力状态？什么是二向应力状态？如何研究一点处的应力状态？

9-2 如何用解析法确定任一斜截面的应力？应力和方位角的正负号是怎样规定的？

9-3 什么是主平面？什么是主应力？如何确定主应力的大小和方位？

9-4 什么是单向应力状态、二向应力状态？什么是复杂应力状态？

9-5 在单向、二向应力状态中，最大正应力和最大切应力各为何值？各位于何截面？

9-6 什么是强度理论？金属材料破坏有几种主要形式？相应有几类强度理论？

习 题

9-1 单元体各面的应力如图所示（应力单位为 MPa），试用解析法计算指定截面上的正应力和切应力。

9-2 单元体各面的应力如图所示（应力单位为 MPa），试用解析法计算主应力的大小及所在截面的方位，并在单元体中画出。

9-3 单元体各面的应力如图所示（应力单位为 MPa），试求主应力、最大正应力和最大切应力。

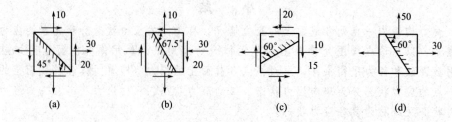

习题 9-1 图

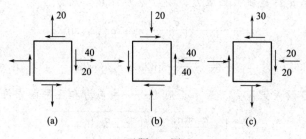

习题 9-2 图

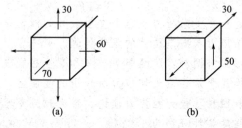

习题 9-3 图

9-4　一圆柱形气瓶，内径 $D=80\text{mm}$，壁厚 $\delta=3\text{mm}$，内压 $p=10\text{MPa}$。若材料为 45 钢，许用应力 $[\sigma]=120\text{MPa}$，试根据第四强度理论校核其强度。

9-5　图示圆柱形容器，受外压力 $p=15\text{MPa}$ 作用，试按第四强度理论确定其壁厚。已知许用应力 $[\sigma]=160\text{MPa}$。

9-6　图示铸铁构件中，中段为一内径 $D=100\text{mm}$、壁厚 $\delta=10\text{mm}$ 的圆筒，圆筒内的压力 $p=5\text{MPa}$，两端的轴向压力 $N=100\text{kN}$，$[\sigma]=40\text{MPa}$，$\mu=0.25$。试校核其强度。

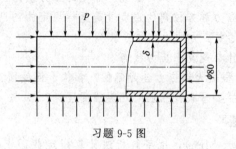

习题 9-5 图

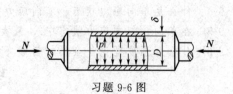

习题 9-6 图

第十章

组合变形的强度计算

前面各章都是研究杆的简单变形问题，即分析了简单拉伸与压缩、剪切、扭转和弯曲等四种基本变形。实际上，大多数的杆件在载荷作用下，往往同时发生两种或两种以上的变形。这种情况，称为**组合变形**。例如，手绞车的转轴，是在弯曲和扭转组合作用下工作的〔图10-1(a)〕；金属切削车床的车刀或钻床的立柱，则承受弯曲和拉压的组合作用〔图10-1(b)〕；而吊车梁在斜吊重物时，则受有两个平面弯曲（或称斜弯曲）的组合作用〔图10-1(c)〕。

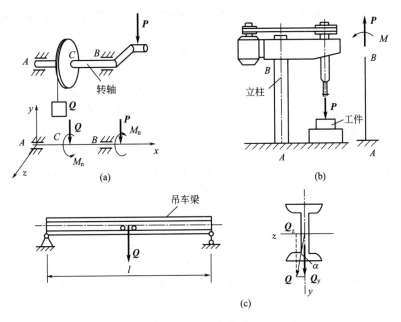

图 10-1 组合变形

研究了四种基本变形的强度计算后，在这个基础上，就有条件进而研究组合变形下的强度计算问题。杆在组合变形的情况下，如果其中只有一种基本变形是主要的，可以略去其它的次要变形，在计算杆的强度时，通过适当降低许用应力，从而把各种次要变形的影响考虑进去；如果杆在受力后所产生的几种基本变形都是比较重要的，那么就必须考虑变形的组合影响。

计算组合变形的强度问题，在小变形的前提下，一般采用**叠加原理**，就是说当杆件承受复杂作用而产生几种变形时，只要将载荷在作用点附近适当地分解，使杆在分解后各载荷的作用下发生简单变形，分别计算各简单变形所引起的应力，然后将计算结果叠加，就可得到总的应力。实践证明：在变形比较小的情况下，用叠加原理所得到的结果与实际情况是相当符合的。

下面讨论常见的两种组合变形：弯曲与拉伸（或压缩）的组合、扭转与弯曲的组合。

第一节 弯曲与拉伸（或压缩）的组合变形

有些构件承受弯曲与拉伸（或压缩）的组合变形。例如，旋臂式起重机横梁 AC（图 10-2）在横向力（P、F_{Ay}、F_{Cy}）作用下发生弯曲，同时在轴向力（$F_{Ax}=F_{Cx}$）作用下发生轴向压缩。

由于在弯曲变形时，横截面上产生垂直于截面的正应力，而在拉伸（或压缩）变形时，横截面上也产生正应力，因为同是轴向应力，所以这两个正应力的代数和就代表着弯曲与拉伸（或压缩）组合作用时的总应力。若以 σ_N 代表轴向力引起的正应力，σ_w 表示横向力所产生的弯矩 M 引起的正应力，σ 则表示这两个正应力的组合，$\sigma=\sigma_N+\sigma_w$。

若以 N 表示杆件所受的轴力，A 表示横截面积，则拉伸（或压缩）时应力为 $\sigma_N=\dfrac{N}{A}$（或 $-\dfrac{N}{A}$）；若以 M 表示杆所受的弯矩，W 表示抗弯截面系数，则弯曲正应力为 $\sigma_w=\pm\dfrac{M}{W}$。根据叠加原理，可得在弯曲与拉伸（或压缩）组合作用下，强度条件的普遍形式为

$$\sigma_{max}=\left|\pm\frac{N}{A}\pm\frac{M}{W}\right|\leqslant[\sigma] \tag{10-1}$$

式中，若轴力或弯矩所产生的正应力为拉应力，取正号；如为压应力，则取负号。

例 10-1 一单轨道吊车，如图 10-2(a) 所示。已知载荷 $P=15\text{kN}$，横梁采用 14 号工字钢，材料的许用应力 $[\sigma]=120\text{MPa}$，$AC=3\text{m}$，$\theta=30°$。试根据 P 在横梁中间位置时，校核梁的强度（梁的自重不计）。

解

(1) 计算横梁所受的外力：作横梁 AC 的受力图如图 10-2(b) 所示，将拉杆 BC 的作用力 F_{CB} 分解为 F_{Cx} 和 F_{Cy}，由静力学平衡方程得

$$F_{Ay}=F_{Cy}=F_{CB}\sin30°=\frac{P}{2}=\frac{15}{2}=7.5\text{kN}$$

$$F_{Ax}=F_{Cx}=F_{CB}\cos30°=\frac{\sqrt{3}}{2}P=\frac{\sqrt{3}}{2}\times15=13\text{kN}$$

(2) 计算横梁的内力和应力：由图 10-2 可知，横梁产生弯曲与压缩组合变形，横梁各截面因压缩而引起的轴力都相等，其值为

$$N=F_{Ax}=-13\text{kN}$$

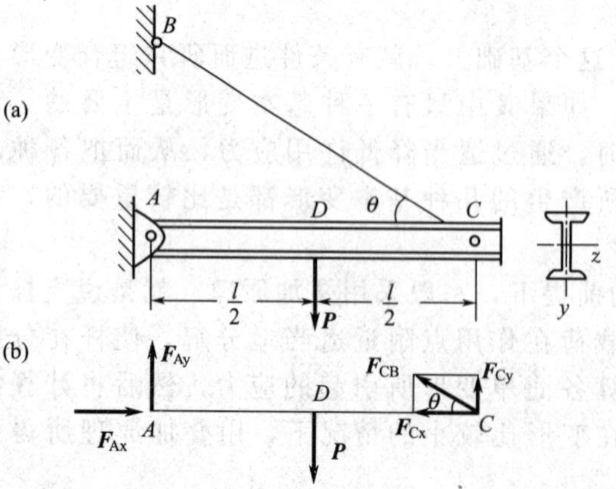

横梁中点截面上的弯矩最大，其值为

$$M_{max}=F_{Ay}\frac{l}{2}=7.5\times\frac{3}{2}=11.25\text{kN}\cdot\text{m}$$

因此，梁的中点处横截面为危险截面，由型钢表查得 14 号工字钢 $W=102\text{cm}^3$，$A=21.5\text{cm}^2$，可计算出压应力和最大弯曲正应力分别为

$$\sigma_N=\frac{N}{A}=\frac{-13\times10^3}{21.5\times10^2}=-6\text{MPa}$$

$$\sigma_w=\frac{M_{max}}{W}=\frac{11.25\times10^6}{102\times10^3}=110\text{MPa}$$

图 10-2 例 10-1 图

(3) 按弯压组合变形强度条件进行校核

可得工字钢的上表面应力最大值为

$$\sigma_{\max} = \left| -\frac{N}{A} - \frac{M_{\max}}{W} \right| = 116\text{MPa} < [\sigma]$$

计算结果表明，吊车横梁强度足够。

例 10-2　图 10-3 所示的钻床，在零件进行钻孔时，钻床主轴 AB 受到 $P=15\text{kN}$ 的轴向外力作用，已知铸铁立柱 CD 的直径 $d=150\text{mm}$，铸铁的许用拉应力 $[\sigma_l]=30\text{MPa}$，许用压应力 $[\sigma_y]=100\text{MPa}$，试校核立柱 CD 的强度。

解

（1）内力分析：立柱 CD 在 P 力作用下受到弯曲与拉伸的组合作用，弯矩和轴力分别为

$$M = 15 \times 40 = 600\text{kN} \cdot \text{cm}$$

$$N = 15\text{kN}$$

（2）应力计算：分析圆截面 b 点处受到弯曲拉应力及拉伸正应力，有

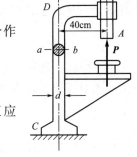

图 10-3　例 10-2 图

$$\sigma_{(b)} = \frac{N}{\pi d^2/4} + \frac{M}{\pi d^3/32} = \frac{1.5 \times 10^4}{\pi \times 150^2/4} + \frac{6 \times 10^6}{\pi \times 150^3/32} = 19.0\text{MPa}$$

圆截面 a 点处受到弯曲压应力及拉伸正应力，有

$$\sigma_{(a)} = \left| \frac{N}{\pi d^2/4} - \frac{M}{\pi d^3/32} \right| = \left| \frac{1.5 \times 10^4}{\pi \times 150^2/4} - \frac{6 \times 10^6}{\pi \times 150^3/32} \right| = 17.3\text{MPa}$$

（3）校核强度：从上面计算可知

$$\sigma_{(b)} = 19.0\text{MPa} < [\sigma_l] = 30\text{MPa}$$

$$\sigma_{(a)} = 17.3\text{MPa} < [\sigma_y] = 100\text{MPa}$$

所以立柱 CD 的强度是足够的。

第二节　扭转与弯曲的组合变形

一般受扭的杆件往往不是在纯扭转的情况下工作的，如传动轴、曲柄轴等都是在扭转与弯曲联合作用下工作的，除了扭转变形外还有弯曲变形存在。这时轴就要按扭转和弯曲的组合作用来进行计算。

图 10-4 所示为一长 l 的圆截面杆，左端固定，右端自由，在自由端受一横向力 P 和一个使杆发生扭转的力偶，力偶矩为 m_n。在任一距左端为 x 处的横截面上将产生扭矩、剪力和弯矩，分别为

$$T = m_n; \quad Q = P; \quad M = -P(l-x)$$

对于一般杆件，由于剪力 Q 而发生的剪切变形通常较小，可以略去不计，这样就是扭

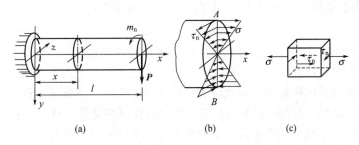

（a）　　　　　　　（b）　　　　　　　（c）

图 10-4　弯扭变形

转和弯曲的组合变形。

由于扭转，横截面上产生切应力，是沿半径按直线规律变化的。在圆周上切应力最大，它的数值是

$$\tau_n = \frac{T}{W_n}$$

式中，$W_n = \frac{\pi d^3}{16}$，是圆截面的抗扭截面系数。因为圆截面的抗弯截面系数 $W = \frac{\pi d^3}{32}$，因此有 $W_n = 2W$，上式可写为

$$\tau_n = \frac{T}{2W}$$

由于弯曲，横截面上产生正应力，沿截面高度按直线规律变化，在圆周上、下两点的正应力的绝对值最大，为

$$\sigma = \frac{M}{W}$$

杆在固定端截面上弯矩绝对值最大，$M_{max} = pl$。由图 10-4(a)、(b) 可知，在这个截面的圆周上 A、B 点处 τ_n 和 σ 的绝对值均最大，是杆的危险点，应计算这两点处的强度。在 A 点处取出一单元体，如图 10-4(c) 所示，这个单元体的面上有应力 σ 和 τ_n，是一个二向应力状态，应当根据适当的强度理论进行强度计算。

按第三强度理论得到的强度条件为

$$\sigma_{xd3} = \sqrt{\sigma^2 + 4\tau_n^2} \leqslant [\sigma] \tag{10-2}$$

如将 σ 和 τ_n 的值代入式(12-2)，可得

$$\sigma_{xd3} = \frac{\sqrt{M^2 + T^2}}{W} \leqslant [\sigma] \tag{10-3}$$

用式(10-3) 就可直接根据弯矩和扭矩来进行圆轴的强度计算。

如用第四强度理论，强度条件可转化为

$$\sigma_{xd4} = \sqrt{\sigma^2 + 3\tau_n^2} \leqslant [\sigma] \tag{10-4}$$

而与式(10-3) 相应的计算公式为

$$\sigma_{xd4} = \frac{\sqrt{M^2 + 0.75T^2}}{W} \leqslant [\sigma] \tag{10-5}$$

上面根据一个比较简单的情形，说明了扭转和弯曲组合变形时的强度计算。在实际问题中通常较为复杂。例如，不同截面上扭矩可能不同或不同截面上横向外力并不在同一平面内。这时往往需要把横向外力分解在铅直和水平面内，由此计算各截面在铅直平面内的弯矩 M_z 和在水平平面内的弯矩 M_y，分别作出在这两个平面内的弯矩图。在将各截面的铅直平面内的弯矩 M_z 和水平平面内的弯矩 M_y 按下式计算合成的弯矩：

$$M = \sqrt{M_y^2 + M_z^2}$$

最后，由扭矩图和合成弯矩图可选择一些弯矩和扭矩都较大的截面来进行强度计算。

对于弯曲、扭转和拉伸（或压缩）三者组合作用的情况，只需将轴力产生的正应力 σ' 和弯矩所产生的正应力 σ'' 代数相加，得出合成正应力 σ，然后再将合成正应力 σ 和因扭矩而产生的切应力 τ_n 代入式(10-2) 和式(10-4) 中，便可进行强度计算。在工程实践中，由于轴力所产生的应力一般远比弯矩和扭矩所产生的应力小，所以在这类计算中，往往忽略轴力的影响。只有在轴力相当大且足以影响零件的强度时，才按弯曲、扭转和拉伸（或压缩）的组合

进行计算。

例 10-3 图 10-5(a) 所示一圆轴，装有两带轮 A 和 B。两轮有相同的直径 $D=1$m 和相同的重量 $P=5$kN。A 轮上带的拉力是水平方向，B 轮上带拉力为铅直方向（拉力大小如图）。设许用应力 $[\sigma]=80$MPa，试按第三强度理论求所需圆轴直径。

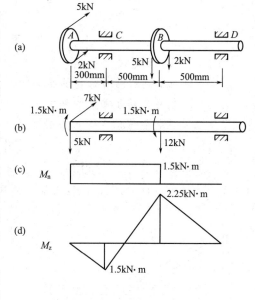

解 将轮上带拉力向轮子中心简化，以作用在轴线上的集中力和扭矩来代替。在轮 A 中心，作用着向下的轮重 5kN 和带的水平拉力 7kN，并有扭矩 $(5-2)\times0.5=1.5$kN·m。在轮 B 中心，作用着向下的轮重和皮带拉力共 12kN，并有扭矩 1.5kN·m。轴所受载荷如图 10-5(b) 所示。

分别作出扭矩图和在铅直平面及水平平面内的弯矩图〔图 10-5(c)、(d)、(e)〕。将轴在支承 C 处和轮 B 处的铅直与水平平面内的弯矩合成为

$$M_C=\sqrt{(1.5)^2+(2.1)^2}=2.58\text{kN·m}$$

$$M_B=\sqrt{(2.25)^2+(1.05)^2}=2.48\text{kN·m}$$

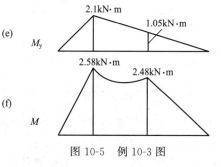

图 10-5 例 10-3 图

将各截面上的弯矩 M_z 和 M_y 合成后得合成弯矩图如图 10-5(f) 所示。由此可见，在支承 C 处截面上的合成弯矩最大而这个截面上的扭矩 $M_n=1.5$kN·m，也是一个大的数值，因此知这个截面是轴的危险截面。由式(10-3)得

$$\frac{\sqrt{2580^2+1500^2}}{W}\leqslant80\times10^6\,\text{Pa}$$

$$W=\frac{\pi}{32}d^3\geqslant37.3\times10^{-6}\,\text{m}^3$$

由此得所需圆轴直径是 $d=72$mm。

小　结

(1) 处理组合变形问题的方法，是将组合变形分解为基本变形，分别考虑在每一种基本变形下的应力和变形，然后叠加。

(2) 弯曲与拉伸（或压缩）组合时的强度条件为

$$\sigma_{\max}=\left|\pm\frac{N}{A}\pm\frac{M}{W}\right|\leqslant[\sigma]$$

(3) 扭转与弯曲组合时的强度条件有两种。

由第三强度理论得到的强度条件为

$$\sigma_{\text{xd3}}=\sqrt{\sigma^2+4\tau_n^2}\leqslant[\sigma]\ 或\ \sigma_{\text{xd3}}=\frac{\sqrt{M^2+T^2}}{W}\leqslant[\sigma]$$

由第四强度理论得到的强度条件为

$$\sigma_{xd4} = \sqrt{\sigma^2 + 3\tau_n^2} \leqslant [\sigma] \text{ 或 } \sigma_{xd4} = \frac{\sqrt{M^2 + 0.75T^2}}{W} \leqslant [\sigma]$$

思 考 题

10-1　什么是组合变形？组合变形时计算强度的原理是什么？

10-2　圆轴受到扭转与弯曲的组合时，强度的计算步骤是怎样的？

10-3　梁在两个互相垂直的纵向平面内受到弯曲，怎样根据这两个平面内的弯矩图作出合成弯矩图？这样合成的各个截面的弯矩是否都作用在同一纵向平面之内？

习 题

10-1　单臂吊车的横梁 AB 用 32a 工字钢制成，已知 $a=2$m，$l=5$m，$P=20$kN，材料的许用应力 $[\sigma]=120$MPa，试校核横梁的强度。

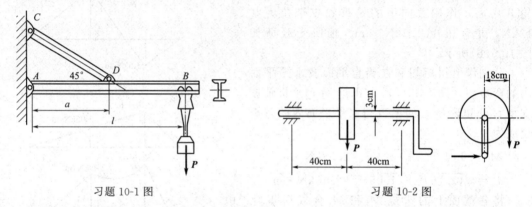

习题 10-1 图　　　　　　　　　　　　　习题 10-2 图

10-2　绞车轴的直径 $d=3$cm，如许用应力 $[\sigma]=80$MPa，试按第三强度理论计算绞车所能吊起的最大许可载荷。

10-3　已知某磨米机主轴上的扭转力偶矩 $M_n=5670$N·cm，带拉力的合力 $P=1000$N，轴径 $d=40$mm，材料为 45 钢，其许用应力 $[\sigma]=55$MPa。试对主轴进行强度校核。

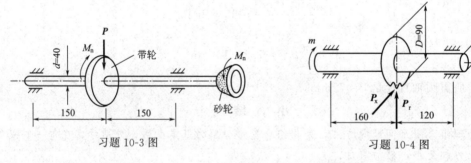

习题 10-3 图　　　　　　　　　　　　　习题 10-4 图

10-4　已知圆片铣刀切削力 $P_x=2.2$kN，径向力 $P_r=0.7$kN，试按第三强度理论计算刀杆直径 d，已知铣刀杆的 $[\sigma]=80$MPa。

10-5　试用第三强度理论校核 AB 轴的强度。已知 $P=2$kN，$D=400$mm，$d=50$mm，$[\sigma]=140$MPa。

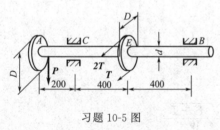

习题 10-5 图

第十一章

压杆的稳定计算

第一节 工程中压杆的稳定性问题

工程中把承受轴向压力的直杆称为压杆。以前，从强度观点出发，认为压杆在其横截面上只产生压应力，当压应力超过材料的极限应力时，压杆才因抗压强度不足而破坏。这种观点对于始终能够保持其原有直线形状的短粗压杆来说，可以认为是正确的，这时对它只进行强度计算也是合适的，但是，对于细长的压杆，在轴向力的作用下，往往在因强度不足而破坏之前，就因它不再保持原有直线状态下的平衡而骤然屈曲破坏，因而它不再是强度问题，而是压杆能不能保持直线状态下的平衡问题，在工程实践中把这类问题称为压杆的稳定性问题。为了说明这个问题，取一根细长的直杆进行压缩试验。如图 11-1 所示，当作用于压杆两端的轴向力 P 小于某一极限值时，压杆保持在直线状态下的平衡。如果给压杆任一可能的横向干扰使压杆微弯 ［图 11-1(a)］，然后再撤去这一干扰，压杆能够自动回复原有的直线形状 ［图 11-1(b)］，这时，称压杆在直线状态下的平衡是稳定的，或简称压杆是稳定的。当继续增大轴向力 P 至某一极限值时，压杆在直线状态下的平衡将由稳定变为不稳定。其特点是如果压杆不受任何横向干扰，则压杆将在直线状态下平衡，但如果给压杆任一横向干扰使其微弯，然后再撤去这一

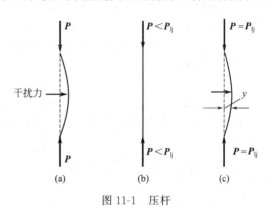

图 11-1 压杆

干扰时，压杆不再回复原有的直线状态，而是在微弯状态下建立新的平衡。这时在压杆的横截面上既有轴力，又有弯矩，其值为 $M=Py$，y 为杆的侧向挠度 ［图 11-1(c)］。把压杆可能在直线状态下平衡同时又可能在微弯状态下平衡的现象称为压杆由稳定到不稳定的临界状态；把相应的轴向力称为**临界力**，并用 $\boldsymbol{P}_{lj}$ 表示。当实际作用的轴向力 P 超过临界力 P_{lj} 时，就将引起杆件的骤然屈曲破坏。这时，称压杆在直线状态下的平衡是不稳定的，或简称**压杆失稳**。

在工程实践中，常会遇到比较细长的压杆，如内燃机的气门挺杆、螺旋千斤顶丝杆、液压油缸活塞杆、内燃机连杆和桁架及起重机机臂的压杆等。由于制成这些杆件的材料不会绝对均匀；杆件的加工和安装不可能没有误差；作用在杆上的轴力不可能和杆的轴线完全重合；而且在工作过程中不可能不受某种偶然因素的干扰，这就要求压杆必须是稳定的，因为压杆一旦失稳，往往会造成严重事故。目前，高强度钢和超高强度钢的广泛应用，使压杆稳定性问题更加突出。它已成为结构设计中极为重要的部分。

设计压杆时，除了强度以外，还必须考虑它的稳定性，假如能算出压杆的临界力 P_{lj}，而且使压杆在工作中所受的轴向载荷小于临界力，那么就可不发生失稳现象。

由此可见，为了解决压杆的稳定性问题，首先就需要确定临界力。

第二节　细长压杆的临界力

现在来求压杆的临界力 P_{lj}，即杆弯曲后在平衡状态时的纵向力 P，这个问题是欧拉在 1774 年首先解决的。

设有一根等截面的直杆 AB，长为 L，两端铰支，在纵向力作用下，发生微小弯曲变形，选取坐标轴如图 11-2 所示，当杆横截面上的正应力不超过材料的比例极限 σ_p 时，临界力 P_{lj} 由理论推导可得

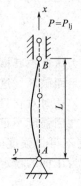

图 11-2　两端铰支压杆

$$P_{lj}=\frac{\pi^2 EI}{L^2} \tag{11-1}$$

式(11-1) 即为两端铰支压杆的欧拉公式，式中 E 为材料的弹性模量；I 为压杆截面对中性轴的惯性矩；L 为压杆的长度。从式(11-1)可以看出杆越细长，其临界力越小，杆越容易丧失稳定。

显然，在杆两端为球式铰链支座的情况下，压杆总是在抗弯能力最小的纵向平面内弯曲的，所以式(11-1)中的 EI 为压杆的最小抗弯刚度。

上述确定欧拉公式，是在两端铰支时得到的，当两端为其它约束时，也可以用类似方法，并根据约束的具体情况，得出相应的欧拉公式的一般形式：

$$P_{lj}=\frac{\pi^2 EI}{(\mu L)^2} \tag{11-2}$$

式中，μ 为**长度系数**，其值取决于压杆两端的约束情况，可见表 11-1。

表 11-1　压杆的长度系数

杆端的约束情况	两 端 固 定	一端固定另一端铰支	两 端 铰 支	一端固定另一端自由
压杆的挠曲线形状	0.5L ／ L	0.7L ／ L	L	L
长度系数(μ)	0.5	0.7	1.0	2.0

应当指出，表 11-1 中长度系数的数值是根据理想化的约束情况而来的，在工程实践中，压杆的实际约束情况要复杂得多，往往需要按照实际约束情况予以简化，以便近似地当作四种约束类型中的一种或介于两种之间的情形，适当地选择长度系数 μ 的值。

按照式(11-2)计算出临界力 P_{lj} 并除以压杆的横截面积 A，所得的平均应力就定义为临界应力，用 σ_{lj} 表示为

$$\sigma_{lj}=\frac{P_{lj}}{A}=\frac{\pi^2 EI}{(\mu L)^2 A} \tag{11-3}$$

令

$$\frac{I}{A}=i^2$$

则
$$I = i^2 A$$

式中，i 为压杆横截面的**惯性半径**。于是临界应力可写为

$$\sigma_{lj} = \frac{\pi^2 E i^2}{(\mu L)^2} = \frac{\pi^2 E}{\left(\dfrac{\mu L}{i}\right)^2}$$

再令 $\lambda = \dfrac{\mu L}{i}$，则

$$\sigma_{lj} = \frac{\pi^2 E}{\lambda^2} \tag{11-4}$$

式中，λ 称为压杆的**柔度**或**细长比**，是一个量纲为 1 的量，它综合了压杆的所有外部特征，反映了压杆长度（L）、截面尺寸和形状（i）以及杆端约束情况（μ）对临界力的影响，是压杆稳定计算中的一个重要参数，压杆愈细长，λ 值愈大，则临界力愈小，压杆愈容易失稳。

第三节　欧拉公式的适用范围与经验公式

欧拉公式(11-1) 以及式(11-2)都是当虎克定律适用于其材料的前提下推导出来的，因此当杆内应力不超过材料的比例极限时，式(11-2) 才成立。今以临界应力 σ_{lj} 表示杆内应力，以 σ_p 表示材料的比例极限，则欧拉公式的适用条件是

$$\sigma_{lj} = \frac{\pi^2 E}{\lambda^2} \leqslant \sigma_p$$

有
$$\lambda \geqslant \pi \sqrt{\frac{E}{\sigma_p}}$$

若设 λ_1 为压杆的临界应力达到材料比例极限时的柔度值即

$$\lambda_1 = \pi \sqrt{\frac{E}{\sigma_p}} \tag{11-5}$$

欧拉公式适用的范围为

$$\lambda \geqslant \lambda_1 \tag{11-6}$$

式(11-6) 表示当压杆的柔度不小于 λ_1 时，才可应用欧拉公式计算临界力或临界应力。这类压杆称为**大柔度杆**或**细长杆**。从式(11-5) 可知，λ_1 的值取决于材料性质。对于 Q235 钢，$E = 200\text{GPa}$，$\sigma_p = 200\text{MPa}$，代入上式得 $\lambda_1 \approx 100$。

因此，欧拉公式当 $\lambda \geqslant \lambda_1$ 时才适用，而工程实际中的压杆，其柔度往往小于 λ_1，欧拉公式不再适用，这类问题属于非弹性稳定问题。

通常采用建立在试验基础上的经验公式来计算临界应力，常用的经验公式为**直线公式**和**抛物线公式**，本书只介绍直线公式，其表达式为

$$\sigma_{lj} = a - b\lambda \tag{11-7}$$

式中，λ 为压杆的柔度，a 和 b 是与材料机械性质有关的常数，由试验求出，几种常用材料的 a 值和 b 值见表 10-2。

应用式(11-7) 求压杆临界力时，也有一个柔度 λ_2 的限制。为了确定 λ_2 的数值，可令 $\sigma_{lj} = \sigma_s$，代入式(11-7) 得

$$\sigma_{lj} = a - b\lambda_2 = \sigma_s$$

由此解得

$$\lambda_2 = \frac{a - \sigma_s}{b}$$

表 11-2 几种材料的 a、b 值

材料	a/MPa	b/MPa	λ_1	λ_2
Q235A	304	1.12	100	
45	578	3.74	100	60
铸 铁	331.7	1.454	80	62
松 木	29.3	0.19	59	

对于 Q235，可从表 10-2 查得 $a=310\text{MPa}$，$b=1.14\text{MPa}$，代入上式，得 $\lambda_2=62$。就是说，对于 Q235 制成的压杆，当它的柔度 λ 小于 $\lambda_1=100$ 而大于 62 时，才能用式(11-7) 计算它的临界应力。因此直线公式适用的范围为

$$\lambda_2 < \lambda < \lambda_1 \tag{11-8}$$

一般把柔度值在 $\lambda_2 < \lambda < \lambda_1$ 之间的压杆称为**中柔度杆**或**中长杆**。柔度小于或等于 λ_2 的压杆称为**小柔度杆**或**粗短杆**。按上述情况分析，短杆在失稳之前，就因强度不足而破坏，所以对短杆来说，可以把材料的屈服极限（或强度极限）理解为是它的临界应力。

综上所述，压杆按柔度可分为三类，并分别由不同的方法计算临界应力。当 $\lambda \geq \lambda_1$ 时，压杆为大柔度杆（细长杆），应用欧拉公式计算临界应力；当 $\lambda_2 < \lambda < \lambda_1$ 时，压杆为中柔度杆（中长杆），应用直线公式计算临界应力；当 $\lambda \leq \lambda_2$ 时，压杆为小柔度杆（粗短杆），临界应力为压缩时的极限应力。

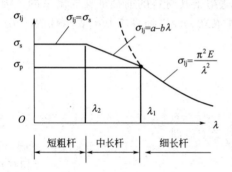

图 11-3 临界应力图

若将三类压杆的临界应力 σ_{lj} 与柔度 λ 之间的关系在 σ_{lj}-λ 直角坐标系内绘出，可得到压杆的临界应力图（图 11-3），由图可见，随着柔度 λ 的减小，压杆的破坏将由稳定条件起控制作用逐渐转化为由强度条件起控制作用。

例 11-1 螺旋千斤顶的螺杆工作长度 $L=500\text{mm}$，内径 $d=52\text{mm}$，材料为 Q235，求此螺杆的临界力 P_{lj}。

解 螺旋千斤顶的螺杆一般简化为一端固定，另一端自由的压杆，其长度系数 $\mu=2$，为求此螺杆的临界力 P_{lj}，首先要计算此螺杆的柔度 λ，以确定此螺杆的临界应力 σ_{lj} 应当按哪一个公式来计算。

$$\lambda = \frac{\mu L}{i}$$

$$\mu L = 2 \times 500 = 1000\text{mm}$$

$$i = \sqrt{\frac{I}{A}} = \sqrt{\frac{\pi d^4/64}{\pi d^2/4}} = \frac{d}{4} = \frac{52}{4} = 13\text{mm}$$

代入，得

$$\lambda = \frac{1000}{13} = 77$$

可见，此螺杆为中长杆，其临界应力应按经验公式来计算。对于 Q235，可由表 11-2 查得 $a=304\text{MPa}$，$b=1.12\text{MPa}$，所以

$$\sigma_{lj} = a - b\lambda = 304 - 1.12 \times 77 = 217.76\text{MPa}$$

故此螺杆的临界力为

$$P_{lj} = A\sigma_{lj} = \frac{\pi \times 52^2}{4} \times 217.76 = 462\text{kN}$$

第四节　压杆的稳定校核

为了保证压杆能安全正常地工作，必须使压杆承受的工作轴向力 P 小于临界力 P_{lj}。同时，考虑到在稳定方面还应有一定的安全储备，因此，压杆的稳定条件为

$$P \leqslant \frac{P_{lj}}{n_{st}}$$

式中，P 为实际工作压力，n_{st} 为规定的稳定安全系数。若把临界力 P_{lj} 和工作压力 P 的比值 n 称为压杆的工作安全系数，可以得到用安全系数表示的压杆稳定条件

$$n = \frac{P_{lj}}{P} \geqslant n_{st}$$

上式也可用应力的形式写出，即

$$n = \frac{\sigma_{lj}}{\sigma} \geqslant n_{st}$$

例 11-2　某型号柴油机的挺杆长度 $L = 257\text{mm}$，直径 $d = 8\text{mm}$，弹性模量 $E = 210\text{GPa}$，作用于挺杆的最大轴向压力为 1.76kN。已知稳定安全系数 $n_{st} = 3$，试校核挺杆的稳定性。

解　截面惯性矩为

$$I = \frac{\pi d^4}{64} = \frac{\pi \times 8^4}{64} = 200\text{mm}^4$$

截面惯性半径为

$$i = \sqrt{\frac{I}{A}} = \frac{d}{4} = \frac{8}{4} = 2\text{mm}$$

按两端铰支考虑，取 $\mu = 1$，由此得挺杆柔度为

$$\lambda = \frac{\mu L}{i} = \frac{257}{2} = 128 > \lambda = 100$$

可见该挺杆为细长杆。现用欧拉公式计算该杆的临界力

$$P_{lj} = \frac{\pi^2 EI}{(\mu L)^2} = \frac{\pi^2 \times 210 \times 10^3 \times 200}{257^2} = 6.28\text{kN}$$

由此可得安全工作系数为

$$n = \frac{P_{lj}}{P} = \frac{6.28}{1.76} = 3.56 > n_{st} = 3$$

故该挺杆满足稳定要求。

第五节　提高压杆稳定性的措施

一、合理选择截面形状

由临界力计算公式可知，临界力与压杆截面的惯性矩 I 成正比，因此在压杆截面面积一定的条件下，应当选择惯性矩 I 较大的截面形状。例如，空心圆截面杆与实心圆截面杆相比，在截面面积相等的条件下，空心圆截面杆的稳定性要比实心圆截面杆好（但空心圆截面的壁厚不宜过小，否则将引起局部失稳现象）。

当杆端约束在各个方向都相同时，压杆总是在抗弯刚度较小的纵向平面内失稳，这时，压杆在各个方向的抗弯刚度应尽可能地接近。例如，在截面面积相等的条件下，杆截面做成矩形就不如做成方形或圆形合理。用槽钢或工字钢制造压杆时，往往采用组合截面

（图 11-4）。这样可使压杆在两个互相垂直的纵向平面内的抗弯刚度基本相等。

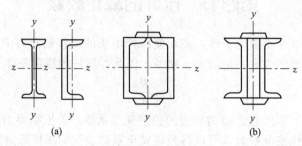

图 11-4 稳定措施

当杆端约束在各个方向不相同时（如内燃机连杆等），应当选择不相等的惯性矩，使压杆在各个方向的柔度基本相近。

二、改善支承情况

在其它条件相同的情况下，杆端约束愈牢固，压杆的长度系数 μ 就愈小，压杆的柔度也愈小，因而压杆就不易失稳。例如，两端固定的压杆与两端铰支的压杆相比，前者的临界力为后者的四倍，可见约束情况对临界力的影响很大，因而加固约束，可以提高压杆的稳定性。

在工作条件允许的情况下，若压杆增加中间支承，对提高压杆稳定性的效果更好。

三、材料的选择

对于细长杆（$\lambda \geqslant \lambda_1$），临界应力 $\sigma_{lj} = \dfrac{\pi^2 E}{\lambda^2}$ 只与材料的弹性模量 E 有关，而一般钢材的 E 值相差不多，所以采用高强度钢对改善细长杆的稳定性是没有什么作用的。

对于中长杆（$\lambda_2 < \lambda < \lambda_1$），选用较好的钢材可以提高压杆的稳定性。

对于短粗杆（$\lambda \leqslant \lambda_2$），可以选择极限应力较高的材料，以提高承载能力。

小 结

（1）承受轴向压力的直杆称为压杆，对于短粗压杆，是强度问题；对于细长压杆，则是稳定性问题，当作用的轴向力超过临界力时，压杆就失稳。

（2）计算压杆临界力的公式称为欧拉公式。其表达式为

$$P_{lj} = \frac{\pi^2 EI}{(\mu L)^2}$$

相应的临界应力的计算公式为

$$\sigma_{lj} = \frac{\pi^2 E}{\lambda^2}$$

上两式中，μ 是长度系数，其值取决于压杆两端约束情况，λ 称为压杆柔度或细长比，它综合了压杆的所有外部特征，是压杆稳定计算中一个重要参数。压杆愈细长，λ 值愈大，则临界力愈小，压杆愈容易失稳。

（3）临界应力的经验公式为

$$\sigma_{lj} = a - b\lambda$$

（4）对于压杆，究竟采用欧拉公式还是经验公式，取决于柔度 λ。当 $\lambda \geqslant \lambda_1$ 时，压杆为大柔度杆（细长杆），应用欧拉公式计算临界应力；当 $\lambda_2 < \lambda < \lambda_1$ 时，压杆为中柔度杆（中长杆），应用直线公式计算临界应力；当 $\lambda \leqslant \lambda_2$ 时，压杆为小柔度杆（粗短杆），临界应力为压缩时的极限应力。

（5）按许可承载能力建立的稳定条件为

$$P \leqslant \frac{P_{\mathrm{lj}}}{n_{\mathrm{st}}} \text{ 和 } n = \frac{P_{\mathrm{lj}}}{P} \geqslant n_{\mathrm{st}} \text{ 或 } n = \frac{\sigma_{\mathrm{lj}}}{\sigma} \geqslant n_{\mathrm{st}}$$

思　考　题

11-1　什么是压杆的临界状态？什么是压杆失稳？

11-2　什么是压杆的临界力及临界应力？欧拉公式的一般形式如何？

11-3　什么是压杆的长度系数？支承情况不同的压杆，长度系数有何不同？

11-4　为什么欧拉公式在实用上受到限制？它的适用范围如何？

习　　题

11-1　直径 $d = 25\mathrm{mm}$ 的钢杆，长为 l，用作抗压构件。试求其临界力及临界应力。已知钢的弹性模量 $E = 200\mathrm{MPa}$。（1）两端铰支，$l = 600\mathrm{mm}$；（2）两端固定，$l = 1500\mathrm{mm}$；（3）一端固定，另一端自由，$l = 400\mathrm{mm}$；（4）一端固定，另一端铰支，$l = 1000\mathrm{mm}$。

11-2　三根圆截面钢压杆，直径均为 $d = 160\mathrm{mm}$，弹性模量 $E = 200\mathrm{MPa}$，屈服极限 $\sigma_{\mathrm{s}} = 240\mathrm{MPa}$。两端均为铰支，长度分别为 l_1、l_2 和 l_3，且 $l_1 = 2l_2 = 4l_3 = 5\mathrm{m}$。求各杆的临界力。

11-3　两柱在相同的条件下工作，一柱为圆形截面，另一柱为管形截面，其外径与内径之比 $\dfrac{D}{d} = 1.25$，两柱的横截面积相等，试用欧拉公式求两柱临界力之比。

11-4　图示两端球形铰支细长压杆，弹性模量 $E = 200\mathrm{GPa}$，试用欧拉公式计算其临界载荷。

（1）圆形截面，$d = 25\mathrm{mm}$，$l = 1.0\mathrm{m}$；

（2）矩形截面，$h = 2b = 40\mathrm{mm}$，$l = 1.0\mathrm{m}$；

（3）No16 工字钢，$l = 2.0\mathrm{m}$。

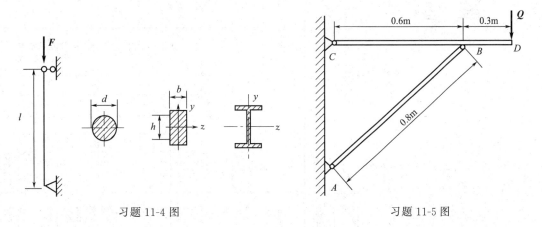

习题 11-4 图　　　　　　　　　习题 11-5 图

11-5　托架如图所示，AB 杆的直径 $d = 4\mathrm{cm}$，$d/D = 0.5$，长度 $l = 80\mathrm{cm}$，两端可视为铰支，材料为 Q235 钢，若已知实际载荷 $Q = 70\mathrm{kN}$，稳定安全系数 $[n_{\mathrm{st}}] = 2$，此托架是否安全？

附　录

附表 1　热轧等边角钢（GB/T 9787—1988）

符号意义：
b——边宽度；
d——边厚度；
r——内圆弧半径；
r_1——边端内圆弧半径；

I——惯性矩；
i——惯性半径；
W——截面系数；
z_0——重心距离；

角钢号数	尺寸/mm			截面面积/cm²	理论重量/kg·m⁻¹	外表面积/m²·m⁻¹	参 考 数 值										
	b	d	r				x-x			x_0-x_0			y_0-y_0			x_1-x_1	z_0 /cm
							I_x /cm⁴	i_x /cm	W_x /cm³	I_{x_0} /cm⁴	i_{x_0} /cm	W_{x_0} /cm³	I_{y_0} /cm⁴	i_{y_0} /cm	W_{y_0} /cm³	I_{x_1} /cm⁴	
2	20	3	3.5	1.132	0.889	0.078	0.40	0.59	0.29	0.63	0.75	0.45	0.17	0.39	0.20	0.81	0.60
		4		1.459	1.145	0.077	0.50	0.58	0.36	0.78	0.73	0.55	0.22	0.38	0.24	1.09	0.64
2.5	25	3	3.5	1.432	1.124	0.098	0.82	0.76	0.46	1.29	0.95	0.73	0.34	0.49	0.33	1.57	0.73
		4		1.859	1.459	0.097	1.03	0.74	0.59	1.62	0.93	0.92	0.43	0.48	0.40	2.11	0.76
3.0	30	3	4.5	1.749	1.373	0.117	1.46	0.91	0.68	2.31	1.15	1.09	0.61	0.59	0.51	2.71	0.85
		4		2.276	1.786	0.117	1.84	0.90	0.87	2.92	1.13	1.37	0.77	0.58	0.62	3.63	0.89
3.6	36	3	4.5	2.109	1.656	0.141	2.58	1.11	0.99	4.09	1.39	1.61	1.07	0.71	0.76	4.68	1.00
		4		2.756	2.163	0.141	3.29	1.09	1.28	5.22	1.38	2.05	1.37	0.70	0.93	6.25	1.04
		5		3.382	2.654	0.141	3.95	1.08	1.56	6.24	1.36	2.45	1.65	0.70	1.09	7.84	1.07
4.0	40	3	5	2.359	1.852	0.157	3.59	1.23	1.23	5.69	1.55	2.01	1.49	0.79	0.96	6.41	1.09
		4		3.086	2.422	0.157	4.60	1.22	1.60	7.29	1.54	2.58	1.91	0.79	1.19	8.56	1.13
		5		3.791	2.976	0.156	5.53	1.21	1.96	8.76	1.52	3.01	2.30	0.78	1.39	10.74	1.17
4.5	45	3	5	2.659	2.088	0.177	5.17	1.40	1.58	8.20	1.76	2.58	2.14	0.90	1.24	9.12	1.22
		4		3.486	2.736	0.177	6.65	1.38	2.05	10.56	1.74	3.32	2.75	0.89	1.54	12.18	1.26
		5		4.292	3.369	0.176	8.04	1.37	2.51	12.74	1.72	4.00	3.33	0.88	1.81	15.25	1.30
		6		5.076	3.985	0.176	9.33	1.36	2.95	14.76	1.70	4.64	3.89	0.88	2.06	18.36	1.33

续表

角钢号数	尺寸/mm b	d	r	截面面积/cm²	理论重量/kg·m⁻¹	外表面积/m²·m⁻¹	参考数值 x-x I_x/cm⁴	i_x/cm	W_x/cm³	x_0-x_0 I_{x_0}/cm⁴	i_{x_0}/cm	W_{x_0}/cm³	y_0-y_0 I_{y_0}/cm⁴	i_{y_0}/cm	W_{y_0}/cm³	x_1-x_1 I_{x_1}/cm⁴	z_0/cm
5	50	3	5.5	2.971	2.332	0.197	7.18	1.55	1.96	11.37	1.96	3.22	2.98	1.00	1.57	12.50	1.34
		4		3.897	3.059	0.197	9.26	1.54	2.56	14.70	1.94	4.16	3.82	0.99	1.96	16.69	1.38
		5		4.803	3.770	0.196	11.21	1.53	3.13	17.79	1.92	5.03	4.64	0.98	2.31	20.90	1.42
		6		5.688	4.465	0.196	13.05	1.52	3.68	20.68	1.91	5.85	5.42	0.98	2.63	25.14	1.46
5.6	56	3	6	3.343	2.624	0.221	10.19	1.75	2.48	16.14	2.20	4.08	4.24	1.13	2.02	17.56	1.48
		4		4.390	3.446	0.220	13.18	1.72	3.24	20.92	2.18	5.28	5.46	1.11	2.52	23.43	1.53
		5		5.415	4.251	0.220	16.02	1.72	3.97	25.42	2.17	6.42	6.61	1.10	2.98	29.33	1.57
		8		8.367	6.568	0.219	23.63	1.68	6.03	37.37	2.11	9.44	9.89	1.09	4.16	47.24	1.68
6.3	63	4	7	4.978	3.907	0.248	19.03	1.96	4.13	30.17	2.46	6.78	7.89	1.26	3.29	33.35	1.70
		5		6.143	4.822	0.248	23.17	1.94	5.08	36.77	2.45	8.25	9.57	1.25	3.90	41.73	1.74
		6		7.288	5.721	0.247	27.12	1.93	6.00	43.03	2.43	9.66	11.20	1.24	4.46	50.14	1.78
		8		9.515	7.469	0.247	34.46	1.90	7.75	54.56	2.40	12.25	14.33	1.23	5.47	67.11	1.85
		10		11.657	9.151	0.246	41.09	1.88	9.39	64.85	2.36	14.56	17.33	1.22	6.36	84.31	1.93
7	70	4	8	5.570	4.372	0.275	26.39	2.18	5.14	41.80	2.74	8.44	10.99	1.40	4.17	45.74	1.86
		5		6.875	5.397	0.275	32.21	2.16	6.32	51.08	2.73	10.32	13.34	1.39	4.95	57.21	1.91
		6		8.160	6.406	0.275	37.77	2.15	7.48	59.93	2.71	12.11	15.61	1.38	5.67	68.73	1.95
		7		9.424	7.398	0.275	43.09	2.14	8.59	68.35	2.69	13.81	17.82	1.38	6.34	80.29	1.99
		8		10.667	8.373	0.274	48.17	2.12	9.68	76.37	2.68	15.43	19.98	1.37	6.98	91.92	2.03
7.5	75	5	9	7.367	5.818	0.295	39.97	2.33	7.32	63.30	2.92	11.94	16.63	1.50	5.77	70.56	2.04
		6		8.797	6.905	0.294	46.95	2.31	8.64	74.28	2.90	14.02	19.51	1.49	6.67	84.55	2.07
		7		10.160	7.976	0.294	53.57	2.30	9.93	84.96	2.89	16.02	22.18	1.48	7.44	98.71	2.11
		8		11.503	9.030	0.294	59.96	2.28	11.20	95.07	2.88	17.93	24.86	1.47	8.19	112.97	2.15
		10		14.126	11.089	0.293	71.98	2.26	13.64	113.92	2.84	21.48	30.05	1.46	9.56	141.71	2.22
8	80	5	9	7.912	6.211	0.315	48.79	2.48	8.34	77.33	3.13	13.67	20.25	1.60	6.66	85.36	2.15
		6		9.397	7.376	0.314	57.35	2.47	9.87	90.98	3.11	16.08	23.72	1.59	7.65	102.50	2.19
		7		10.860	8.525	0.314	65.58	2.46	11.37	104.07	3.10	18.40	27.09	1.58	8.58	119.70	2.23
		8		12.303	9.658	0.314	73.49	2.44	12.83	116.60	3.08	20.61	30.39	1.57	9.46	136.97	2.27
		10		15.126	11.874	0.313	88.43	2.42	15.64	140.09	3.04	24.76	36.77	1.56	11.08	171.74	2.35
9	90	6	10	10.637	8.350	0.354	82.77	2.79	12.61	131.26	3.51	20.63	34.28	1.80	9.95	145.87	2.44
		7		12.301	9.656	0.354	94.83	2.78	14.54	150.47	3.50	23.64	39.18	1.78	11.19	170.30	2.48
		8		13.944	10.946	0.353	106.47	2.76	16.42	168.97	3.48	26.55	43.97	1.78	12.35	194.80	2.52
		10		17.167	13.476	0.353	128.58	2.74	20.07	203.90	3.45	32.04	53.26	1.76	14.52	244.07	2.59
		12		20.306	15.940	0.352	149.22	2.71	23.57	236.21	3.41	37.12	62.22	1.75	16.49	293.76	2.67

续表

角钢号数	尺寸/mm b	d	r	截面面积 /cm²	理论重量 /kg·m⁻¹	外表面积 /m²·m⁻¹	x-x I_x/cm⁴	i_x/cm	W_x/cm³	参考数值 x_0-x_0 I_{x_0}/cm⁴	i_{x_0}/cm	W_{x_0}/cm³	y_0-y_0 I_{y_0}/cm⁴	i_{y_0}/cm	W_{y_0}/cm³	x_1-x_1 I_{x_1}/cm⁴	z_0/cm
10	100	6	12	11.932	9.366	0.393	114.95	3.10	15.68	181.98	3.90	25.74	47.92	2.00	12.69	200.07	2.67
		7		13.796	10.830	0.393	131.86	3.09	18.10	208.97	3.89	29.55	54.74	1.99	14.26	233.54	2.71
		8		15.638	12.276	0.393	148.24	3.08	20.47	235.07	3.88	33.24	61.41	1.98	15.75	267.09	2.76
		10		19.261	15.120	0.392	179.51	3.05	25.06	284.68	3.84	40.26	74.35	1.96	18.54	334.48	2.84
		12		22.800	17.898	0.391	208.90	3.03	29.48	330.95	3.81	46.80	86.84	1.95	21.08	402.34	2.91
		14		26.256	20.611	0.391	236.53	3.00	33.73	374.06	3.77	52.90	99.00	1.94	23.44	470.75	2.99
		16		29.627	23.257	0.390	262.53	2.98	37.82	414.16	3.74	58.57	110.89	1.94	25.63	539.80	3.06
11	110	7	12	15.196	11.928	0.433	177.16	3.41	22.05	280.94	4.30	36.12	73.38	2.20	17.51	310.64	2.96
		8		17.238	13.532	0.433	199.46	3.40	24.95	316.49	4.28	40.69	82.42	2.19	19.39	355.20	3.01
		10		21.261	16.690	0.432	242.19	3.38	30.60	384.39	4.25	49.42	99.98	2.17	22.91	444.65	3.09
		12		25.200	19.782	0.431	282.55	3.35	36.05	448.17	4.22	57.62	116.93	2.15	26.15	534.60	3.16
		14		29.056	22.809	0.431	320.71	3.32	41.31	508.01	4.18	65.31	133.40	2.14	29.14	625.16	3.24
12.5	125	8	14	19.750	15.504	0.492	297.03	3.88	32.52	470.89	4.88	53.28	123.16	2.50	25.86	521.01	3.37
		10		24.373	19.133	0.491	361.67	3.85	39.97	573.89	4.85	64.93	149.46	2.48	30.62	651.93	3.45
		12		28.912	22.696	0.491	423.16	3.83	41.17	671.44	4.82	75.96	174.88	2.46	35.03	783.42	3.53
		14		33.367	26.193	0.490	481.65	3.80	54.16	763.73	4.78	86.41	199.57	2.45	39.13	915.61	3.61
14	140	10	14	27.373	21.488	0.551	514.65	4.34	50.58	817.27	5.46	82.56	212.04	2.78	39.20	915.11	3.82
		12		32.512	25.522	0.551	603.68	4.31	59.80	958.79	5.43	96.85	248.57	2.76	45.02	1099.28	3.90
		14		37.567	29.490	0.550	688.81	4.28	68.75	1093.56	5.40	110.47	284.06	2.75	50.45	1284.22	3.98
		16		42.539	33.393	0.549	770.24	4.26	77.46	1221.81	5.36	123.42	318.67	2.74	55.55	1470.07	4.06
16	160	10	16	31.502	24.729	0.630	779.53	4.98	66.70	1237.30	6.27	109.36	321.76	3.20	52.76	1365.33	4.31
		12		37.441	29.391	0.630	916.58	4.95	78.98	1455.68	6.24	128.67	377.49	3.18	60.74	1639.57	4.39
		14		43.296	33.987	0.629	1048.36	4.92	90.95	1665.02	6.20	147.17	431.70	3.16	68.24	1914.68	4.47
		16		49.067	38.518	0.629	1175.08	4.89	102.63	1865.57	6.17	164.89	484.59	3.14	75.31	2190.82	4.55
18	180	12	16	42.241	33.159	0.710	1321.35	5.59	100.82	2100.10	7.05	165.00	542.61	3.58	78.41	2332.80	4.89
		14		48.896	38.388	0.709	1514.48	5.56	116.25	2407.42	7.02	189.14	625.53	3.56	88.38	2723.48	4.97
		16		55.467	43.542	0.709	1700.99	5.54	131.13	2703.37	6.98	212.40	698.60	3.55	97.83	3115.29	5.05
		18		61.955	48.634	0.708	1875.12	5.50	145.64	2988.24	6.94	234.78	762.01	3.51	105.14	3502.43	5.13
20	200	14	18	54.642	42.894	0.788	2103.55	6.20	144.70	3343.26	7.82	236.40	863.83	3.98	111.82	3734.10	5.46
		16		62.013	48.680	0.788	2366.15	6.18	163.65	3760.89	7.79	265.93	971.41	3.96	123.96	4270.39	5.54
		18		69.301	54.401	0.787	2620.64	6.15	182.22	4164.54	7.75	294.48	1076.74	3.94	135.52	4808.13	5.62
		20		76.505	60.056	0.787	2867.30	6.12	200.42	4554.55	7.72	322.06	1180.04	3.93	146.55	5347.51	5.69
		24		90.661	71.186	0.786	3338.25	6.07	236.17	5294.97	7.64	374.41	1381.53	3.90	166.55	6457.16	5.87

注：截面图中的 $r_1=\dfrac{1}{3}d$ 及表中 r 值的数据用于孔型设计，不作交货条件。

附表 2 热轧不等边角钢（GB/T 9788—1988）

符号意义：B——长边宽度；　b——短边宽度；
d——边厚度；　r——内圆弧半径；
r1——边端内圆弧半径；　I——惯性矩；
x0——重心距离；　W——截面系数；
　y0——重心距离；

角钢号数	尺寸/mm B	b	d	r	截面面积/cm²	理论重量/(kg·m⁻¹)	外表面积/(m²·m⁻¹)	x-x I_x/cm⁴	i_x/cm	W_x/cm³	y-y I_y/cm⁴	i_y/cm	W_y/cm³	x_1-x_1 I_{x1}/cm⁴	y_0/cm	y_1-y_1 I_{y1}/cm⁴	x_0/cm	u-u I_u/cm⁴	i_u/cm	W_u/cm³	$\tan\alpha$
2.5/1.6	25	16	3	3.5	1.162	0.912	0.080	0.70	0.78	0.43	0.22	0.44	0.19	1.56	0.86	0.43	0.42	0.14	0.34	0.16	0.392
			4		1.499	1.176	0.079	0.88	0.77	0.55	0.27	0.43	0.24	2.09	0.90	0.59	0.46	0.17	0.34	0.20	0.381
3.2/2	32	20	3	3.5	1.492	1.171	0.102	1.53	1.01	0.72	0.46	0.55	0.30	3.27	1.08	0.82	0.49	0.28	0.43	0.25	0.382
			4		1.939	1.522	0.101	1.93	1.00	0.93	0.57	0.54	0.39	4.37	1.12	1.12	0.53	0.35	0.42	0.32	0.374
4/2.5	40	25	3	4	1.890	1.484	0.127	3.08	1.28	1.15	0.93	0.70	0.49	6.39	1.32	1.59	0.59	0.56	0.54	0.40	0.386
			4		2.467	1.936	0.127	3.93	1.26	1.49	1.18	0.69	0.63	8.53	1.37	2.14	0.63	0.71	0.54	0.52	0.381
4.5/2.8	45	28	3	5	2.149	1.687	0.143	4.45	1.44	1.47	1.34	0.79	0.62	9.10	1.47	2.23	0.64	0.80	0.61	0.51	0.383
			4		2.806	2.203	0.143	5.69	1.42	1.91	1.70	0.78	0.80	12.13	1.51	3.00	0.68	1.02	0.60	0.66	0.380
5/3.2	50	32	3	5.5	2.431	1.908	0.161	6.24	1.60	1.84	2.02	0.91	0.82	12.49	1.60	3.31	0.73	1.20	0.70	0.68	0.404
			4		3.177	2.494	0.160	8.02	1.59	2.39	2.58	0.90	1.06	16.65	1.65	4.45	0.77	1.53	0.69	0.87	0.402
5.6/3.6	56	36	3	6	2.743	2.153	0.181	8.88	1.80	2.32	2.92	1.03	1.05	17.54	1.78	4.70	0.80	1.73	0.79	0.87	0.408
			4		3.590	2.818	0.180	11.45	1.79	3.03	3.76	1.02	1.37	23.39	1.82	6.33	0.85	2.23	0.79	1.13	0.408
			5		4.415	3.466	0.180	13.86	1.77	3.71	4.49	1.01	1.65	29.25	1.87	7.94	0.88	2.67	0.78	1.36	0.404
6.3/4	63	40	4	7	4.058	3.185	0.202	16.49	2.02	3.87	5.23	1.14	1.70	33.30	2.04	8.63	0.92	3.12	0.88	1.40	0.398
			5		4.993	3.920	0.202	20.02	2.00	4.74	6.31	1.12	2.07	41.63	2.08	10.86	0.95	3.76	0.87	1.71	0.396
			6		5.908	4.638	0.201	23.36	1.96	5.59	7.29	1.11	2.43	49.98	2.12	13.12	0.99	4.34	0.86	1.99	0.393
			7		6.802	5.339	0.201	26.53	1.98	6.40	8.24	1.10	2.78	58.07	2.15	15.47	1.03	4.97	0.86	2.29	0.389
7/4.5	70	45	4	7.5	4.547	3.570	0.226	23.17	2.26	4.86	7.55	1.29	2.17	45.92	2.24	12.26	1.02	4.40	0.98	1.77	0.410
			5		5.609	4.403	0.225	27.95	2.23	5.92	9.13	1.28	2.65	57.10	2.28	15.39	1.06	5.40	0.98	2.19	0.407
			6		6.647	5.218	0.225	32.54	2.21	6.95	10.62	1.26	3.12	68.35	2.32	18.58	1.09	6.35	0.98	2.59	0.404
			7		7.657	6.011	0.225	37.22	2.20	8.03	12.01	1.25	3.57	79.99	2.36	21.84	1.13	7.16	0.97	2.94	0.402
(7.5/5)	75	50	5	8	6.125	4.808	0.245	34.86	2.39	6.83	12.61	1.44	3.30	70.00	2.40	21.04	1.17	7.41	1.10	2.74	0.435
			6		7.260	5.699	0.245	41.12	2.38	8.12	14.70	1.42	3.88	84.30	2.44	25.37	1.21	8.54	1.08	3.19	0.435
			8		9.467	7.431	0.244	52.39	2.35	10.52	18.53	1.40	4.99	112.50	2.52	34.23	1.29	10.87	1.07	4.10	0.429
			10		11.590	9.098	0.244	62.71	2.33	12.79	21.96	1.38	6.04	140.80	2.60	43.43	1.36	13.10	1.06	4.99	0.423
8/5	80	50	5	8	6.375	5.005	0.255	41.96	2.56	7.78	12.82	1.42	3.32	85.21	2.60	21.06	1.14	7.66	1.10	2.74	0.387
			6		7.560	5.935	0.255	49.49	2.56	9.25	14.95	1.41	3.91	102.53	2.65	25.41	1.18	8.85	1.08	3.20	0.387
			7		8.724	6.848	0.255	56.16	2.54	10.58	16.96	1.39	4.48	119.33	2.69	29.82	1.21	10.18	1.08	3.70	0.384
			8		9.867	7.745	0.254	62.83	2.52	11.92	18.85	1.38	5.03	136.41	2.73	34.32	1.25	11.38	1.07	4.16	0.381

参 考 数 值

续表

角钢号数	尺寸/mm B	b	d	r	截面面积/cm²	理论重量/(kg·m⁻¹)	外表面积/(m²·m⁻¹)	I_x/cm⁴	i_x/cm	W_x/cm³	I_y/cm⁴	i_y/cm	W_y/cm³	I_{x1}/cm⁴	y_0/cm	I_{y1}/cm⁴	x_0/cm	I_u/cm⁴	i_u/cm	W_u/cm³	$\tan\alpha$
								x-x			y-y			x_1-x_1		y_1-y_1		u			
9/5.6	90	56	5	9	7.212	5.661	0.287	60.45	2.90	9.92	18.32	1.59	4.21	121.32	2.91	29.53	1.25	10.98	1.23	3.49	0.385
			6		8.557	6.717	0.286	71.03	2.88	11.74	21.42	1.58	4.96	145.59	2.95	35.58	1.29	12.90	1.23	4.18	0.384
			7		9.880	7.756	0.286	81.01	2.86	13.49	24.36	1.57	5.70	169.66	3.00	41.71	1.33	14.67	1.22	4.72	0.382
			8		11.183	8.779	0.286	91.03	2.85	15.27	27.15	1.56	6.41	194.17	3.04	47.93	1.36	16.34	1.21	5.29	0.380
10/6.3	100	63	6	10	9.617	7.550	0.320	99.06	3.21	14.64	30.94	1.79	6.35	199.71	3.24	50.50	1.43	18.42	1.38	5.25	0.394
			7		11.111	8.722	0.320	113.45	3.29	16.88	35.26	1.78	7.29	233.00	3.28	59.14	1.47	21.00	1.38	6.02	0.393
			8		12.584	9.878	0.319	127.37	3.18	19.08	39.39	1.77	8.21	266.32	3.32	67.88	1.50	23.50	1.37	6.78	0.391
			10		15.467	12.142	0.319	153.81	3.15	23.32	47.12	1.74	9.98	333.06	3.40	85.73	1.58	28.33	1.35	8.24	0.387
10/8	100	80	6	10	10.637	8.350	0.354	107.04	3.17	15.19	61.24	2.40	10.16	199.83	2.95	102.68	1.97	31.65	1.72	8.37	0.627
			7		12.301	9.656	0.354	122.73	3.16	17.52	70.08	2.39	11.71	233.20	3.00	119.98	2.05	36.17	1.71	9.60	0.626
			8		13.944	10.946	0.353	137.92	3.14	19.81	78.58	2.37	13.21	266.61	3.04	137.37	2.13	40.58	1.71	10.80	0.625
			10		17.167	13.476	0.353	166.87	3.12	24.24	94.65	2.35	16.12	333.63	3.12	172.48	2.21	49.10	1.69	13.12	0.622
11/7	110	70	6	10	10.637	8.350	0.354	133.37	3.54	17.85	42.92	2.01	7.90	265.78	3.53	69.08	1.57	25.36	1.54	6.53	0.403
			7		12.301	9.656	0.354	153.00	3.53	20.60	49.01	2.00	9.09	310.07	3.57	80.82	1.61	28.95	1.53	7.50	0.402
			8		13.944	10.946	0.353	172.04	3.51	23.30	54.87	1.98	10.25	354.39	3.62	92.70	1.65	32.45	1.53	8.45	0.401
			10		17.167	13.476	0.353	208.39	3.48	28.54	65.88	1.96	12.48	443.13	3.70	116.83	1.72	39.20	1.51	10.29	0.397
12.5/8	125	80	7	11	14.096	11.066	0.403	227.98	4.02	26.86	74.42	2.30	12.01	454.99	4.01	120.32	1.80	43.81	1.76	9.92	0.408
			8		15.989	12.551	0.403	256.77	4.01	30.41	83.49	2.28	13.56	519.99	4.06	137.85	1.84	49.15	1.75	11.18	0.407
			10		19.712	15.474	0.402	312.04	3.98	37.33	100.67	2.26	16.56	650.09	4.14	173.40	1.92	59.45	1.74	13.64	0.404
			12		23.351	18.330	0.402	364.41	3.95	44.01	116.67	2.24	19.43	780.39	4.22	209.67	2.00	69.35	1.72	16.01	0.400
14/9	140	90	8	12	18.038	14.160	0.453	365.64	4.50	38.48	120.69	2.59	17.34	730.53	4.50	195.79	2.04	70.83	1.98	14.31	0.411
			10		22.261	17.475	0.452	445.50	4.47	47.31	146.03	2.56	21.22	913.20	4.58	245.92	2.12	85.82	1.96	17.48	0.409
			12		26.400	20.724	0.451	521.59	4.44	55.87	169.79	2.54	24.95	1096.09	4.66	296.89	2.19	100.21	1.95	20.54	0.406
			14		30.456	23.908	0.451	594.10	4.42	64.18	192.10	2.51	28.54	1279.26	4.74	348.82	2.27	114.13	1.94	23.52	0.403
16/10	160	100	10	13	25.315	19.872	0.512	668.69	5.14	62.13	205.03	2.85	26.56	1362.89	5.24	336.59	2.28	121.74	2.19	21.92	0.390
			12		30.054	23.592	0.511	784.91	5.11	73.49	239.06	2.82	31.28	1635.56	5.32	405.94	2.36	142.33	2.17	25.79	0.388
			14		34.709	27.247	0.510	896.30	5.08	84.56	271.20	2.80	35.83	1908.50	5.40	476.42	2.43	162.23	2.16	29.56	0.385
			16		39.281	30.835	0.510	1003.04	5.05	95.33	301.60	2.77	40.24	2181.79	5.48	548.22	2.51	182.57	2.16	33.44	0.382
18/11	180	110	10	14	28.373	22.273	0.571	956.25	5.80	78.96	278.11	3.13	32.49	1940.40	5.89	447.22	2.44	166.50	2.42	26.88	0.376
			12		33.712	26.464	0.571	1124.72	5.78	93.53	325.03	3.10	38.32	2328.38	5.98	538.94	2.52	194.87	2.40	31.66	0.374
			14		38.967	30.589	0.570	1286.91	5.75	107.76	369.55	3.08	43.97	2716.60	6.06	631.95	2.59	222.30	2.39	36.32	0.372
			16		44.139	34.649	0.569	1443.06	5.72	121.64	411.85	3.06	49.44	3105.15	6.14	726.46	2.67	248.94	2.38	40.87	0.369
20/12.5	200	125	12	14	37.912	29.761	0.641	1570.90	6.44	116.73	483.16	3.57	49.99	3193.85	6.54	787.74	2.83	285.79	2.74	41.23	0.392
			14		43.867	34.436	0.640	1800.97	6.41	134.65	550.83	3.54	57.44	3726.17	6.62	922.47	2.91	326.58	2.73	47.34	0.390
			16		49.739	39.045	0.639	2023.35	6.38	152.18	615.44	3.52	64.69	4258.86	6.70	1058.86	2.99	366.21	2.71	53.32	0.388
			18		55.526	43.588	0.639	2238.30	6.35	169.33	677.19	3.49	71.74	4792.00	6.78	1197.13	3.06	404.83	2.70	59.18	0.385

注: 1. 括号内型号不推荐使用。

2. 截面图中的 $r_1 = \frac{1}{3}d$ 及表中 r 数据用于孔型设计, 不作交货条件。

附表 3 热轧工字钢（GB/T 706—1988）

符号意义：
h——高度；
b——腿宽度；
d——腰厚度；
t——平均腿厚度；
r——内圆弧半径；
r₁——腿端圆弧半径；
I——惯性矩；
W——截面系数；
i——惯性半径；
S——半截面的静矩

型号	尺寸/mm						截面面积 /cm²	理论重量 /kg·m⁻¹	参考数值						
									x-x				y-y		
	h	b	d	t	r	r₁			I_x/cm⁴	W_x/cm³	i_x/cm	$I_x : S_x$	I_y/cm⁴	W_y/cm³	i_y/cm
10	100	68	4.5	7.6	6.5	3.3	14.345	11.261	245	49.0	4.14	8.59	33.0	9.72	1.52
12.6	126	74	5.0	8.4	7.0	3.5	18.118	14.223	488	77.5	5.20	10.8	46.9	12.7	1.61
14	140	80	5.5	9.1	7.5	3.8	21.516	16.890	712	102	5.76	12.0	64.4	16.1	1.73
16	160	88	6.0	9.9	8.0	4.0	26.131	20.513	1130	141	6.58	13.8	93.1	21.2	1.89
18	180	94	6.5	10.7	8.5	4.3	30.756	24.143	1660	185	7.36	15.4	122	26.0	2.00
20a	200	100	7.0	11.4	9.0	4.5	35.578	27.929	2370	237	8.15	17.2	158	31.5	2.12
20b	200	102	9.0	11.4	9.0	4.5	39.578	31.069	2500	250	7.96	16.9	169	33.1	2.06
22a	220	110	7.5	12.3	9.5	4.8	42.128	33.070	3400	309	8.99	18.9	225	40.9	2.31
22b	220	112	9.5	12.3	9.5	4.8	46.528	36.524	3570	325	8.78	18.7	239	42.7	2.27
25a	250	116	8.0	13.0	10.0	5.0	48.541	38.105	5020	402	10.2	21.6	280	48.3	2.40
25b	250	118	10.0	13.0	10.0	5.0	53.541	42.030	5280	423	9.94	21.3	309	52.4	2.40
28a	280	122	8.5	13.7	10.5	5.3	55.404	43.492	7110	508	11.3	24.6	345	56.6	2.50
28b	280	124	10.5	13.7	10.5	5.3	61.004	47.888	7480	534	11.1	24.2	379	61.2	2.49
32a	320	130	9.5	15.0	11.5	5.8	67.156	52.717	11100	692	12.8	27.5	460	70.8	2.62

续表

型号	尺寸/mm						截面面积 /cm²	理论重量 /kg·m⁻¹	参考数值						
									x-x					y-y	
	h	b	d	t	r	r_1			I_x/cm⁴	W_x/cm³	i_x/cm	$I_x : S_x$	I_y/cm⁴	W_y/cm³	i_y/cm
32b	320	132	11.5	15.0	11.5	5.8	73.556	57.741	11500	726	12.6	27.1	502	76.0	2.61
32c	320	134	13.5	15.0	11.5	5.8	79.956	62.765	12200	760	12.3	26.8	544	81.2	2.61
36a	360	136	10.0	15.8	12.0	6.0	76.480	60.037	15800	875	14.4	30.7	552	81.2	2.69
36b	360	138	12.0	15.8	12.0	6.0	83.680	65.689	16500	919	14.1	30.3	582	84.3	2.64
36c	360	140	14.0	15.8	12.0	6.0	90.880	71.341	17300	962	13.8	29.9	612	87.4	2.60
40a	400	142	10.5	16.5	12.5	6.3	86.112	67.598	21700	1090	15.9	34.1	660	93.2	2.77
40b	400	144	12.5	16.5	12.5	6.3	94.112	73.878	22800	1140	15.6	33.6	692	96.2	2.71
40c	400	146	14.5	16.5	12.5	6.3	102.112	80.158	23900	1190	15.2	33.2	727	99.6	2.65
45a	450	150	11.5	18.0	13.5	6.8	102.446	80.420	32200	1430	17.7	38.6	855	114	2.89
45b	450	152	13.5	18.0	13.5	6.8	111.446	87.485	33800	1500	17.4	38.0	894	118	2.84
45c	450	154	15.5	18.0	13.5	6.8	120.446	94.550	35300	1570	17.1	37.6	938	122	2.79
50a	500	158	12.0	20.0	14.0	7.0	119.304	93.654	46500	1860	19.7	42.8	1120	142	3.07
50b	500	160	14.0	20.0	14.0	7.0	129.304	101.504	48600	1940	19.4	42.4	1170	146	3.01
50c	500	162	16.0	20.0	14.0	7.0	139.304	109.354	50600	2080	19.0	41.8	1220	151	2.96
56a	560	166	12.5	21.0	14.5	7.3	135.435	106.316	65600	2340	22.0	47.7	1370	165	3.18
56b	560	168	14.5	21.0	14.5	7.3	146.635	115.108	68500	2450	21.6	47.2	1490	174	3.16
56c	560	170	16.5	21.0	14.5	7.3	157.835	123.900	71400	2550	21.3	46.7	1560	183	3.16
63a	630	176	13.0	22.0	15.0	7.5	154.658	121.407	93900	2980	24.5	54.2	1700	193	3.31
63b	630	178	15.0	22.0	15.0	7.5	167.258	131.298	98100	3160	24.2	53.5	1810	204	3.29
63c	630	180	17.0	22.0	15.0	7.5	179.858	141.189	102000	3300	23.8	52.9	1920	214	3.27

注：截面图和表中标注的圆弧半径 r、r_1 的数据用于孔型设计，不作交货条件。

附表 4　热轧槽钢 (GB/T 707—1988)

符号意义：
h——高度；
b——腿宽度；
d——腰厚度；
t——平均腿厚度；
r——内圆弧半径；
r_1——腿端圆弧半径；
l——惯性矩；
W——截面系数；
i——惯性半径；
z_0——y-y 与 y_1-y_1 轴线间距离

型号	尺寸/mm						截面面积 /cm²	理论重量 /kg·m⁻¹	参考数值							
	h	b	d	t	r	r_1			x-x			y-y			y_1-y_1	z_0 /cm
									W_x/cm³	I_x/cm⁴	i_x/cm	W_y/cm³	I_y/cm⁴	i_y/cm	I_{y1}/cm⁴	
5	50	37	4.5	7.0	7.0	3.5	6.928	5.438	10.4	26.0	1.94	3.55	8.30	1.10	20.9	1.35
6.3	63	40	4.8	7.5	7.5	3.8	8.451	6.634	16.1	50.8	2.45	4.50	11.9	1.19	28.4	1.36
8	80	43	5.0	8.0	8.0	4.0	10.248	8.045	25.3	101	3.15	5.79	16.6	1.27	37.4	1.43
10	100	48	5.3	8.5	8.5	4.2	12.748	10.007	39.7	198	3.95	7.80	25.6	1.41	54.9	1.52
12.6	126	53	5.5	9.0	9.0	4.5	15.692	12.318	62.1	391	4.95	10.2	38.0	1.57	77.1	1.59
14a	140	58	6.0	9.5	9.5	4.8	18.516	14.535	80.5	564	5.52	13.0	53.2	1.70	107	1.71
14b	140	60	8.0	9.5	9.5	4.8	21.316	16.733	87.1	609	5.35	14.1	61.1	1.69	121	1.67
16a	160	63	6.5	10.0	10.0	5.0	21.962	17.240	108	866	6.28	16.3	73.3	1.83	144	1.80
16	160	65	8.5	10.0	10.0	5.0	25.162	19.752	117	935	6.10	17.6	83.4	1.82	161	1.75
18a	180	68	7.0	10.5	10.5	5.2	25.699	20.174	141	1270	7.04	20.0	98.6	1.96	190	1.88
18	180	70	9.0	10.5	10.5	5.2	29.299	23.000	152	1370	6.84	21.5	111	1.95	210	1.84
20a	200	73	7.0	11.0	11.0	5.5	28.837	22.637	178	1780	7.86	24.2	128	2.11	244	2.01
20	200	75	9.0	11.0	11.0	5.5	32.831	25.777	191	1910	7.64	25.9	144	2.09	268	1.95

续表

型号	尺寸/mm						截面面积/cm²	理论重量/kg·m⁻¹	参考数值							
									x-x			y-y			y_1-y_1	z_0/cm
	h	b	d	t	r	r_1			W_x/cm³	I_x/cm⁴	i_x/cm	W_y/cm³	I_y/cm⁴	i_y/cm	I_{y1}/cm⁴	
22a	220	77	7.0	11.5	11.5	5.8	31.846	24.999	218	2390	8.67	28.2	158	2.23	298	2.10
22	220	79	9.0	11.5	11.5	5.8	36.246	28.453	234	2570	8.42	30.1	176	2.21	326	2.03
25a	250	78	7.0	12.0	12.0	6.0	34.917	27.410	270	3370	9.82	30.6	176	2.24	322	2.07
25b	250	80	9.0	12.0	12.0	6.0	39.917	31.335	282	3530	9.41	32.7	196	2.22	353	1.98
25c	250	82	11.0	12.0	12.0	6.0	44.917	35.260	295	3690	9.07	35.9	218	2.21	384	1.92
28a	280	82	7.5	12.5	12.5	6.2	40.034	31.427	340	4760	10.9	35.7	218	2.33	388	2.10
28b	280	84	9.5	12.5	12.5	6.2	45.634	35.823	366	5130	10.6	37.9	242	2.30	428	2.02
28c	280	86	11.5	12.5	12.5	6.2	51.234	40.219	393	5500	10.4	40.3	268	2.29	463	1.95
32a	320	88	8.0	14.0	14.0	7.0	48.513	38.083	475	7600	12.5	46.5	305	2.50	552	2.24
32b	320	90	10.0	14.0	14.0	7.0	54.913	43.107	509	8140	12.2	49.2	336	2.47	593	2.16
32c	320	92	12.0	14.0	14.0	7.0	61.313	48.131	543	8690	11.9	52.6	374	2.47	643	2.09
36a	360	96	9.0	16.0	16.0	8.0	60.910	47.814	660	11900	14.0	63.5	455	2.73	818	2.44
36b	360	98	11.0	16.0	16.0	8.0	68.110	53.466	703	12700	13.6	66.9	497	2.70	880	2.37
36c	360	100	13.0	16.0	16.0	8.0	75.310	59.118	746	13400	13.4	70.0	536	2.67	948	2.34
40a	400	100	10.5	18.0	18.0	9.0	75.068	58.928	879	17600	15.3	78.8	592	2.81	1070	2.49
40b	400	102	12.5	18.0	18.0	9.0	83.068	65.208	932	18600	15.0	82.5	640	2.78	1140	2.44
40c	400	104	14.5	18.0	18.0	9.0	91.068	71.488	986	19700	14.7	86.2	688	2.75	1220	2.42

注：截面图和表中标注的圆弧半径 r、r_1 的数据用于孔型设计，不作交货条件。

部分习题参考答案

2-1　　$R = 161\text{N}$；$\theta = 60.3°$

2-2　　$S_{BC} = 500\text{N}$

2-3　　82kN

2-4　　$S = \dfrac{PL}{2h}$

2-5　　$F_D = \dfrac{F}{2}$；$F_A = \dfrac{\sqrt{5}F}{2}$

2-6　　$\theta = 2\arcsin\dfrac{Q}{W}$

2-7　　$F = 5N$；$m_2 = 3\text{N} \cdot \text{m}$

2-8　　$N = 100\text{N}$

2-9　　$N_A = N_B = 750\text{N}$

2-10　　$Q = 751\text{kN}$

2-11　　$N = 176\text{kN}$，向左；$M = 286\text{kN} \cdot \text{m}$，逆时针；$N_{Ox} = 176\text{kN}$，向右；$N_{Oy} = 3150\text{kN}$，向下

2-12　　(a) $F_A = F_B = \dfrac{M}{L}$；(b) $F_A = F_B = \dfrac{M}{L}$；(c) $F_A = F_B = \dfrac{M}{L\cos\theta}$

2-13　　答案如下：

杆号	1	2	3	4	5	6	7	8
受力/N	拉 11550	压 5780	压 11550	拉 11550	压 17350	压 11550	拉 11550	拉 2310

2-14　　247N・m，逆时针

2-15　　$X_A = X_B = 120\text{kN}$；$Y_A = Y_B = 300\text{kN}$

2-16　　$N_A = -15\text{kN}$；$N_B = 40\text{kN}$；$N_C = -5\text{kN}$；$N_D = 15\text{kN}$

2-17　　$X_A = 0$；$Y_A = 6\text{kN}$；$M_A = 12\text{kN} \cdot \text{m}$

2-18　　$Y_A = P + ql$；$M_A = l\left(P + \dfrac{1}{2}ql\right)$

2-19　　$X_A = 0$；$Y_A = -250\text{N}$；$Y_B = 3750\text{N}$

2-20　　(a) $X_A = 0$；$Y_A = qa$；$M_A = \dfrac{1}{2}qa^2$；$X_B = 0$；$Y_B = 0$；$N_C = 0$

　　　　(b) $X_A = \dfrac{qa}{2}\tan\alpha$；$Y_A = \dfrac{1}{2}qa$；$M_A = \dfrac{1}{2}qa^2$；$X_B = \dfrac{qa}{2}\tan\alpha$；$Y_B = \dfrac{1}{2}qa$；$N_C = \dfrac{qa}{2\cos\alpha}$

　　　　(c) $X_A = \dfrac{M}{a}\tan\alpha$；$Y_A = -\dfrac{M}{a}$；$M_A = -M$；$N_B = N_C = \dfrac{M}{a\cos\alpha}$

　　　　(d) $X_A = 0$；$Y_A = 0$；$M_A = M$；$X_B = Y_B = N_C = 0$

2-21　　$F_{Ax} = 12\text{kN}$；$F_{Ay} = 1.5\text{kN}$；$F_B = 10.5\text{kN}$；$F_{BC} = 15\text{kN}$

2-22　　$S_{CD} = -0.866F$

2-23　　$S_6 = -4.333\text{kN}$（压）；$S_7 = -6.771\text{kN}$（压）；$S_8 = 8.666\text{kN}$（拉）

第三章

3-1 $e \leqslant \dfrac{d}{2} f$

3-2 $x_{max} = \dfrac{b}{2 \tan\varphi_m}$

3-3 $Q = 3.9P$

3-4 $P_{min} = 7360N$

3-5 $S_{max} = 9kN$

3-6 $H \geqslant 0.6cm$

3-7 $T_1 = 26kN$；$T_2 = 20.9kN$

3-8 $f = 0.224$

3-9 $P_{min} = 280N$

3-10 $a \geqslant 16.7cm$

第四章

4-1 $P_t = \dfrac{2M}{d}$；$P_a = \dfrac{2M}{d} \tan\beta$；$P_r = \dfrac{2M}{d \cos\beta} \tan\alpha$；$P_n = \dfrac{2M}{d \cos\beta \cos\alpha}$

4-2 $P_t = \dfrac{2M}{d}$；$P_a = \dfrac{2M}{d} \tan\alpha \sin\delta$；$P_r = \dfrac{2M}{d} \tan\alpha \cos\delta$；$P_n = \dfrac{2M}{d \cos\alpha}$

4-3 $P_x = -200\sqrt{5}N$；$m_x(\boldsymbol{P}) = 0$；$Q_x = -100\sqrt{14}N$；$m_x(\boldsymbol{Q}) = 150\sqrt{14}N \cdot m$

      $P_y = 0$；$m_y(\boldsymbol{P}) = -200\sqrt{5}N \cdot m$；$Q_y = -150\sqrt{14}N$；$m_y(\boldsymbol{Q}) = -100\sqrt{14}N \cdot m$

      $P_z = 100\sqrt{5}N$；$m_z(\boldsymbol{P}) = 0$；$Q_z = 50\sqrt{14}N$；$m_z(\boldsymbol{Q}) = 0$

4-4 $N_D = 1125N$；$N_B = 637.5N$；$N_A = 1237.5N$

4-5 $m = 3860N \cdot m$；$Y_A = Y_B = -2.6kN$；$Z_A = Z_B = 14.8kN$

4-6 $T_2 = 2t_2 = 4000N$；$X_A = -6375N$；$Z_A = -1296N$；$X_B = -4125N$；$Z_B = -3900N$

4-7 $P_1 = 11.3kN$；$X_A = 12.9kN$；$Z_A = 7.2kN$；$X_B = 5.5kN$；$Z_B = 10.6kN$

4-8 $F = 70.9N$；$F_{By} = 207N$；$F_{Bx} = 19N$；$F_{Ay} = 68.8N$；$F_{Ax} = 47.6N$

4-9 $x_C = 0$；$y_C = 153.6mm$；$x_C = 19.24mm$；$y_C = 39.74mm$

4-10 $x_C = -19.5mm$；$y_C = 0$；$x_C = 0$；$y_C = 64.55mm$

第五章

5-3 $\sigma_1 = 2MPa$；$\sigma_2 = 6MPa$；$\sigma_3 = 10MPa$

5-4 $E = 204GPa$；$\sigma_s = 216MPa$；$\sigma_b = 408MPa$；$\delta = 24\%$；$\psi = 52\%$

5-5 $\Delta L_{(a)} = 0$；$\Delta L_{(c)} = 0.5mm$

5-7 $\sigma = 37.1MPa < [\sigma]$ 安全

5-8 $\sigma = 32.7MPa < [\sigma]$ 安全

5-9 $d = 26.6mm$

5-10 $d_{BC} = d_{BD} = d_{AB} \geqslant 17.2mm$

5-11 $P = 20kN$；$\sigma_{max} = 15.9MPa$

5-12 $[P] = 38.64kN$

5-13 $p = 6.5MPa$

5-14 $P = 40.4kN$

5-16 $\sigma_{AB} = 82.9MPa < [\sigma]$；$\sigma_{AC} = 131.8MPa < [\sigma]$

第六章

6-1 $\tau = 70.7MPa > [\tau]$，销钉强度不够，应改用 $d \geqslant 32.6mm$ 的销钉

6-2 $\tau=0.952\text{MPa}$；$\sigma_{jy}=7.41\text{MPa}$

6-3 $P\geqslant177\text{N}$；$\tau=17.6\text{MPa}$

6-4 $d_{min}=34\text{mm}$；$t_{max}=10.4\text{mm}$

6-5 铆钉：$\tau=99.5\text{MPa}$；$\sigma_{bs}=125\text{MPa}$

第七章

7-2 $\tau_p=35\text{MPa}$；$\tau_{max}=87.6\text{MPa}$

7-3 $\tau_{max}=48.8\text{MPa}$；$\varphi_{max}=1.22°$

7-4 $d=111\text{mm}$

7-5 AC：$M_n=200\text{N}\cdot\text{m}$，$\tau_{max}=1.99\text{MPa}$；$CD$：$M_n=400\text{N}\cdot\text{m}$，$\tau_{max}=3.98\text{MPa}$；
DB：$M_n=1000\text{N}\cdot\text{m}$，$\tau_{max}=9.95\text{MPa}$；$\varphi=0.505°$

7-6 $d_1\geqslant45\text{mm}$；$D_2\geqslant46\text{mm}$

7-7 $d=2.69\text{cm}$

7-8 $M_{n铝}/M_{n钢}=1.06$

7-9 （1）$d_1\geqslant84.6\text{mm}$；$d_2\geqslant74.5\text{mm}$；（2）$d\geqslant84.6\text{mm}$；
（3）主动轮 1 放在从动轮 2、3 之间比较合理

7-10 $\tau_A=63.7\text{MPa}$；$\tau_{max}=84.9\text{MPa}$；$\tau_{min}=42.4\text{MPa}$

7-11 $d_1\geqslant73.5\text{mm}$；$d_2\geqslant61.8\text{mm}$

第八章

8-1 （a）$Q_C=-P$；$Q_D=-2P$；$M_C=2Pa$；$M_D=0$
（b）$Q_C=1333\text{N}$；$Q_D=-667\text{N}$；$M_C=26660\text{N}\cdot\text{cm}$；$M_D=33330\text{N}\cdot\text{cm}$
（c）$Q_C=Q_D=-0.5P$；$M_C=-10P$；$M_D=-20P$
（d）$Q_C=-qa$；$Q_D=0.5qa$；$M_C=-\dfrac{qa^2}{2}$；$M_D=0$

8-2 （a）$Q_{max}=\dfrac{3}{2}qa$，截面 A 右侧；$M_{max}=qa^2$，截面 C 左侧
（b）$Q_{max}=P$，CD 段与 DB 段；$M_{max}=Pa$，截面 D
（c）$Q_{max}=1\text{kN}$，位于截面 C 左或截面 E 左；$M_{max}=\dfrac{1}{2}\text{kN}\cdot\text{m}$，位于截面 C、E
（d）$Q_{max}=qa$，在 AC 段；$M_{max}=\dfrac{9}{8}qa^2$，在截面 C、D 中间的 $x=\dfrac{3}{2}a$ 处

8-4 $\sigma_{max}=100\text{MPa}$

8-5 $\sigma_{实}=159\text{MPa}$；$\sigma_{空}=93.67\text{MPa}$；$41.1\%$

8-6 $\sigma=63.4\text{MPa}$

8-7 $h\geqslant416\text{mm}$；$b\geqslant277\text{mm}$

8-8 $\sigma_A=-6.04\text{MPa}$；$\sigma_B=12.94\text{MPa}$

8-9 $b\geqslant32.7\text{mm}$

8-10 $W\geqslant125\text{cm}^3$，选取 16 号工字钢

第九章

9-1 （a）$\sigma_\alpha=40\text{MPa}$；$\tau_\alpha=10\text{MPa}$
（b）$\sigma_\alpha=-(20\sqrt{2}+10)\text{MPa}$；$\tau_\alpha=0$
（c）$\sigma_\alpha=50\sqrt{3}-22.5\text{MPa}$；$\tau_\alpha=-\dfrac{15\sqrt{3}+5}{2}\text{MPa}$
（d）$\sigma_\alpha=35\text{MPa}$；$\tau_\alpha=-5\sqrt{3}\text{MPa}$

9-2 （a）$\sigma_{min}^{max}=30\pm10\sqrt{5}\text{MPa}$

(b) $\sigma^{max}_{min} = -30 \pm 10\sqrt{17}\,\mathrm{MPa}$

(c) $\sigma^{max}_{min} = 5 \pm 5\sqrt{41}\,\mathrm{MPa}$

9-3　(a) $\sigma_1 = 60\,\mathrm{MPa}$；$\sigma_2 = 30\,\mathrm{MPa}$；$\sigma_3 = -70\,\mathrm{MPa}$；$\tau_{max} = 65\,\mathrm{MPa}$

　　　(b) $\sigma_1 = 50\,\mathrm{MPa}$；$\sigma_2 = 30\,\mathrm{MPa}$；$\sigma_3 = -50\,\mathrm{MPa}$；$\tau_{max} = 50\,\mathrm{MPa}$

9-4　$\sigma_{xd4} = 115.5\,\mathrm{MPa}$

9-5　$t \geqslant 3.25\,\mathrm{mm}$

9-6　$\sigma_{xd} = 25.25\,\mathrm{MPa} < [\sigma]$

第十章

10-1　$\sigma = 94.2\,\mathrm{MPa} < [\sigma] = 120\,\mathrm{MPa}$

10-2　$P = 788\,\mathrm{N}$

10-3　$\sigma = 15\,\mathrm{MPa} < [\sigma] = 55\,\mathrm{MPa}$

10-4　$d \geqslant 28.75\,\mathrm{mm}$

10-5　$\sigma_{xd3} = 104.4\,\mathrm{MPa} < [\sigma] = 140\,\mathrm{MPa}$

第十一章

11-1　(1) $P_{lj1} = 98\,\mathrm{N}$；$\sigma_{lj1} = 200\,\mathrm{MPa}$

　　　(2) $P_{lj2} = 67.18\,\mathrm{N}$；$\sigma_{lj2} = 140\,\mathrm{MPa}$；

　　　(3) $P_{lj3} = 59\,\mathrm{N}$；$\sigma_{lj3} = 120\,\mathrm{MPa}$；

　　　(4) $P_{lj4} = 77\,\mathrm{N}$；$\sigma_{lj4} = 160\,\mathrm{MPa}$

11-2　$P_{lj1} = 2540\,\mathrm{kN}$；$P_{lj2} = 4798\,\mathrm{kN}$；$P_{lj3} = 4823\,\mathrm{kN}$

11-3　$P_{实}/P_{空} = 0.2195$

11-4　(1) 圆形截面杆：$P_{lj} = 37.8\,\mathrm{kN}$

　　　(2) 矩形截面杆：$P_{lj} = 52.6\,\mathrm{kN}$

　　　(3) 16 号工字钢杆：$P_{lj} = 459\,\mathrm{kN}$

11-5　$n = 5.2 > [n_{st}]$

参 考 文 献

[1]　刘鸿文．材料力学．第3版．北京：高等教育出版社，1992.
[2]　罗迎社，喻小明．工程力学．北京：北京大学出版社，2007.
[3]　刘长荣，肖念新．工程力学．北京：中国农业科技出版社，2002.
[4]　李春凤，刘金环．工程力学．大连：大连理工大学出版社，2005.
[5]　陈位宫，瞿志豪等．工程力学．北京：高等教育出版社，2000.
[6]　赵爱梅，王亚飞等．工程力学．济南：山东大学出版社，2005.
[7]　李琴，周亚焱．工程力学．北京：化学工业出版社，2008.